天文・宇宙の観察

天体観測入門

渡部潤一
watanabe junichi

★日本図書暑

天文・宇宙の特等

天体観測入門 ✳ 目次

肉眼で見る観察編 1 ── 5

1 肉眼で見上げることから始めよう ── 6
2 肉眼で星空なにがあるだろう ── 7
3 夜空をながめるときの基礎知識：
　天球とその動き ── 10
4 肉眼でながめる天体たち：月 ── 13
　こぼれ話 ● 上弦の月と下弦の月の由来 ── 16
5 肉眼でながめる天体たち：星 ── 17
6 星座の起源 ── 18
　● 星座早見を使おう ── 19
　● 星座早見ソフト・アプリを使おう ── 20
　こぼれ話 ● 星のまたたき ── 21
7 肉眼でながめる天体たち：惑星 ── 23

双眼鏡・望遠鏡で見る観察編 2 ── 25

1 双眼鏡・望遠鏡を使う ── 26
2 双眼鏡・望遠鏡の光学系 ── 26
3 双眼鏡・望遠鏡の倍率と視野角 ── 29
4 望遠鏡と姿勢 ── 31

5 天体望遠鏡は目的・場所で考えよう ― 32
6 双眼鏡は万能 ― 34

撮3 撮影編 ― 35

1 天体写真を撮るための項目 ― 36
2 固定撮影：星の周辺を撮影する ― 37
3 追尾撮影：なかなか天体を写す ― 38
4 直焦点撮影：天体望遠鏡を 望遠レンズ代わりに ― 40
5 リレー撮影：目が選者を写す ― 40
6 動画撮影：ビデオカメラで撮影する ― 42
7 天体写真の画像処理 ― 43

測5 観測編 ― 45

1 天体観測の基礎：星座表を ― 46
2 天体観測の基礎：時刻系 ― 48
3 天体観測の基礎：等級 ― 49
4 天体観測の実際：流星編 ― 50

documentary
こやまたかこ

◆

本文イラスト
こやまたかこ・伊藤康永子 (cgs)

5 天体観測の実際：月面 ————————— 54
● 明暗境界線の凸凹から山の高さを求めてみよう —— 56
6 天体観測の実際：惑星編 ————————— 57
● 木星のCMT観測 ————————————— 62
7 天体観測の実際：太陽編 ————————— 63
8 天体観測の実際：日食編 ————————— 65
9 天体観測の実際：月食編 ————————— 68
10 天体観測の実際：恒星編 ———————— 71
11 天体観測の実際：彗星編 ———————— 74
● 彗星の明るさと変光 ——————————— 77
さくいん ——————————————————— 78

天体観測入門

肉眼で見る
観察編1

1 肉眼で見上げることから始めよう

　みなさんは本や図鑑で、星空や宇宙のことを学ぶと、実際に星空をながめて、星座や星雲を自分で観察してみようとおもうようになるかもしれませんね。

　そうはいっても、観察するのには「天体望遠鏡」がないといけないのではないか、あるいはそのほか「高価な機材」が必要になるのではないかとおもう人もいるかもしれませんね。

　ですが、星空をたのしむには、天体望遠鏡がかならず必要というわけではありません。宇宙をたのしみながら観察する第一歩、それは"晴れた夜、夜空を見上げること"、ただそれだけです。

　この最初の一歩は、むずかしい知識や経験などはまったく必要ありません。もちろん、天体望遠鏡やカメラも、取りあえずは必要ないのです。

　もともと17世紀よりも以前には、わたしたち人類は天体望遠鏡をもっていませんでした。それでも「肉眼」で星たちを観察して、さまざまな法則を見いだしたり、いろいろな天文現象を観察して、記録に残してきたのです。その先人たちが観察してきたものと同じ夜空が、今でもみなさんの頭上に広がっているのです。まずは、今夜からでも星空を見上げてみましょう。

　みなさんの肉眼というものは、すごいものです。目は一種の双眼鏡になっています。レンズに相当するのが水晶体です。水晶体で集められた光は、眼球の奥にある網膜とよばれる光を感じる細胞に、焦点をむすびます。水晶体は、とてもよくできていて、遠くのものを見ようとすると、上下左右の筋肉に引っ張られて、その厚みが薄くなります。近くを見ようとすると、ぎゃくに筋肉が弛緩して、厚くなり、焦点を変化させます。たとえば近視とか遠視の人は、この調整ができなくなっているのです。

　さらに光の量によって、自動的に目にはいる光を調整する機構もそなえています。角膜と水晶体の間にある薄い膜のまん中に、あながあいています。この

あなを瞳または瞳孔とよび、それをつくりだすのが虹彩です。

人間は、虹彩の大きさを調節して、目にはいる光の量を調節しています。これは、ちょうどカメラの「絞り」に相当するものです。暗いところでは瞳孔は大きくなって、弱いかすかな光を拾おうとします。明るく、まぶしいところでは瞳孔が小さくなって、目をまもろうとします。人によって差がありますが、明るいところでは瞳孔の直径は 2mm ほどに、暗いところでは 7mm から 8mm 程度となります。

この瞳孔の直径が、いわば望遠鏡のレンズの直径に相当し、網膜がビデオカメラの役割をはたしているといえるでしょう。

2 肉眼で星空をながめるコツ

さて、ただ単に外に出て、夜空を見上げるだけでも星空観察なのですが、それにもちょっとしたコツがあります。このコツをおぼえるだけで、ずいぶんと見え方がちがってきます。

第 1 に、十分に目を暗闇にならすことです。

明るい室内からベランダや、屋外に出たばかりのときには、目が暗闇になれていないので、星もよく見えません。網膜で光を感じるとき、網膜細胞の中である種の化学変化が起きて、それが電気信号となって脳に伝わります。明るいところでは、この化学反応は早く進みますが、そこからきゅうに暗いところに出ると、その化学反応がよわい光に反応できて復帰するまでに時間がかかってしまいます。

これを「暗順応」とよびます。暗順応までの時間は、人によっても異なりますが、一般に数十分はかかるといわれています。

ですから少なくとも数分、場合によって10分以上は、明るいものを見ないまま、暗闇に目をならすことです。
　第2に、なるべく周りに街灯やあかりがない場所をえらびましょう。
　都会をはなれ、山の中や海辺にいくのがもっともよいのですが、そうでなくても自宅近くで観察するときには、なるべく街灯をさけましょう。あかりがあると、まぶしいばかりでなく、どうしてもそちらへ目が向いてしまうので、せっかく暗順応しかけた目が「明順応」を起こし、ふたたび暗順応するのに時間がかかってしまいます。
　とはいっても、人気のないまっ暗なところに1人でいくのは、とても危険なのでやめましょう。家のベランダなどから観察する場合には、近くが明るければ街灯を手でかくすなどして工夫してみましょう。
　第3に、照明が必要なときには「赤色」を利用することです。
　観察中に、どうしても何か手元を見る必要がありますね。「星座早見」や「星図」、「図鑑」などを手にして、星をおぼえたいときもそうでしょう。あるいは観察記録をとるようなときでもそうです。
　特に、観察中に使う懐中電灯は「赤い色」のものを用いましょう。それがなければ、赤いセロファンなどで、懐中電灯をおおってもかまいません。
　じつは、網膜の細胞は、赤い色だとそれほど明順応を起こしません。天体観察にはもっともよく月いられる照明の色なのです。
　第4に、「肉眼」で観察するときは、夜空を広く見渡せる場所をえらびましょう。視界がせまいと、それだけ星座も見えなくなってしまいます。
　最後に、これはもっともだいじなことですが、快適な星空の観察のために、いろいろなグッズを活用しましょう。
　まずは夜の観察に適した服装をえらぶことです。夜は、昼とちがってとても

冷え込むので、防寒対策が十分でないと風邪をひいてしまいます。

　特に、冬の長時間の観察には、カイロやあたたかな飲み物などを用意するとよいでしょう。

　それならば、ぎゃくに夏ならだいじょうぶかというとそうではありません。夏の夜は、蚊や虫になやまされることが多いからです。肌を露出する服装をさけ、防虫対策を十分に行う必要があります。

　さらに、「姿勢」にも気をつけましょう。ずっと上を向いていると首がいたくなりますね。長い時間、観察をする場合には、らくな姿勢でながめられるようにいすや、簡易型のサマーベッドなどを活用するとよいでしょう。

　こうした対策を立てたうえで、見上げる星空はまた格別です。四季それぞれに独特の「星景色」がくり広げられていますし、見る場所によっても、その星景色の印象はちがってきます。

　南半球でしか見えない星座もありますし、北国ならではの星景色もあります。日本では、都会はもちろん、地方の小都市でも、夜間の人工照明が多くなっていて、星空が見えにくくなる「光害」が進んでいますが、ぎゃくにいえば、都会では都会ならではの星景色、月や惑星、1等星が都会の夜景にとけこんだ景色をたのしむことができます。

　たとえば、「スカイツリー」のシルエットと月の景色を見るだけでも、昼とはちがったすがたをたのしむことができます。

　なにも"満天の星"だけが星景色ではありません。よく星が見えないからといって、あきらめることはありません。省エネルギーの観点からも光害を軽減するべきなのはもちろんですが、むしろ光害さえも、場所による見え方の変化として、たのしむ気持ちもだいじかもしれません。

3 夜空をながめるうえでの基礎知識：天球とその動き

　見上げる星空には、さまざまな天体がかがやいています。星座を形づくる星々や惑星(わくせい)や月も、それぞれに地球からの距離がちがっています。ですが、その距離はとても遠いので、ながめているだけでは、その距離の差は感じられません。そのため天体は、まるで大きな丸い天井(てんじょう)にはりついているように見えます。

　この丸い天井が地平線の下にもつづいていて、地球を取り囲んでいると考えるとべんりなときがあります。このプラネタリウムのような大きな球面のことを「天球(てんきゅう)」とよびます。天球を考えると地上からながめる星や、太陽の動きなどが、とても説明しやすくなります。

　朝、東からのぼった太陽は、しだいに空高くなって、昼を過ぎると西へ低くなり、夕方にはしずんでいきます。夜でも星は、時間がたつとともに南の空の高いところへ移動し、また南の空に見えた星は西の空へとしずんでいきます。

　一方、北の空の星は、北極星をほぼ中心として、時計の針とはぎゃくまわり（反時計まわり）にまわっています。月や惑星も、その夜のうちには、多くの星とともにこの動きにしたがいます。

　1日たつと、太陽も星もほぼ同じ位置にやってきます。つまり、天球全体が東から西へ1日にほぼ1回、回転していると考えることができます。もちろん、これは天球がまわっているのではなく、わたしたちのいる地球が北極と南極とを結ぶ線（地軸）を軸として、「自転」していることによる見かけの動きです。この軸の北の方向が、北極星の方向にほぼ一致(いっち)するので、天球が北極星を中心にまわるように見えるのです。これを「日周運動」とよんでいます。

　一方、毎日同じ時刻に観察すると、見える天体の位置は微妙にちがっていきます。特に月は、東へとかなり大きく動きます。これは、月が地球の周りをまわっているからです。

　また、星座をつくる星々は、微妙に西に動いています。何日もすると、その

日周運動

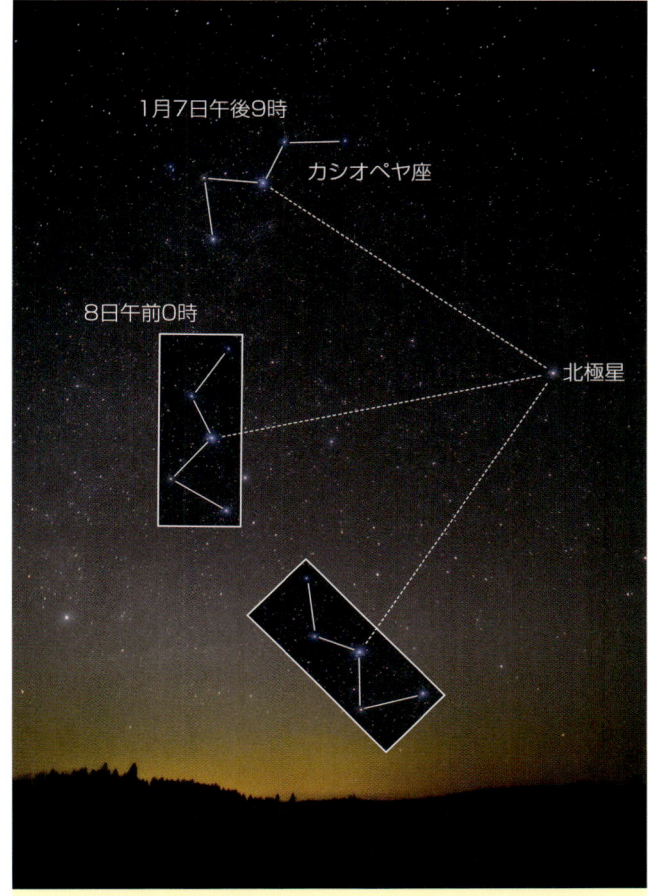

日周運動の例：北西の空のカシオペヤ座の3時間ごとの動き。

動きははっきりします。測ってみると、その動きは1日あたり角度で約1度ほどです。こうして、同じ時刻に見える星座は、どんどん西に動いていき、東からつぎの星座が上がってきます。季節ごとに見える星座が異なるのは、このためです。

　こうして、1年後にはまた同じ星座が見えるようになります。このような動きを「年周運動」とよびます。この年周運動も、地球が太陽の周りを1年で1周する、つまり「公転」することによる見かけの動きです。

年周運動

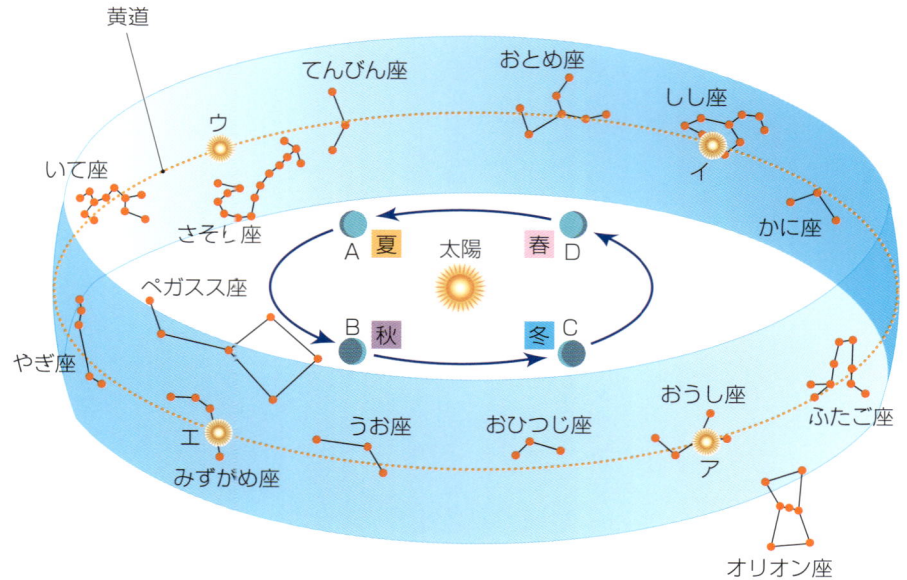

ア～エは、地球がA～Dの位置にあるとき、各地点から太陽の見える位置を黄道上に示したもの。

　季節を代表する星座というのは、地球が太陽を背にする方向に見えることになります。ぎゃくに、地球から太陽の方向にある星座は、太陽と同時に東の空に上り、西にしずむので見ることができません。

　ところで、地球が太陽の周りを公転することにより、地球から見ると太陽は星座の間を動いていくように見えます（実際には太陽が明るすぎて、太陽の方向にある星座は見ることはできませんが）。この太陽の通り道を「黄道」といいます。黄道には、13の星座がありますが、へびつかい座をのぞく12の星座が昔から知られている「黄道十二星座」で、星占いにも使われています。

　一方、月の通り道を「白道」とよびます。白道は、黄道に近いのですが、角度で5度ほどずれていて、星座に対しては年によってしだいに変わっていきますので、星図上に書き込むことはできません。

4 肉眼でながめる天体たち：月

　肉眼でもさまざまな天体をたのしむことができます。主役は、星座をつくる星たち、惑星、そして月でしょう。

　月が、夜空の中で目だつ理由は、おもに3つあるといえるでしょう。「明るさ」、「大きさ」、そして「形や位置の変化」です。

　月は、太陽をのぞけば空の中でもっとも明るい天体です。明るくかがやく月は、場合によっては夜という暗闇を照らしだす役目もしています。

　満月の夜などに、人工照明の少ないところで外に出てみると、目がなれるにつれ、その明るさを実感することができるでしょう。満月のあかりがあれば、じつは懐中電灯なしでも野外を歩くことができます。「月よみの　光を待ちて　かえりませ　山路は栗の　いがの多きに」、この良寛（りょうかん）さんの句は、月の出を待って帰りなさいという歌です。

　月が目だつ第2の理由は、肉眼でもその有限の大きさがわかる点にあります。月の見かけの大きさは、角度でいえば1度の半分。目のいい人が見わけられる角度は、1度の60分の1なので、月はその30倍もあります。

　月が目だつ第3の理由は、日に日にその形や位置を変えていくことでしょう。夜空の位置を変えていくと同時に、そのすがたも変えていくのです。

　太陽は、みずからかがやいているために、形は円盤のままですが、月のほうは毎日形を変えます。これが、月の「満ち欠け」とよばれている現象です。

　そして、その満ち欠けはくり返すという特徴をもっています。月が地球の周りをまわりながら、その影と、日向（ひなた）の部分の割合が変化していきます。月は地球の「衛星」ですから、地球の周りをまわるのですが、それにつれて太陽からの照らされかたがちがってくるわけです。

　月は、まず西の地平線近くに細い月として現れます。毎日、同じ時刻に観察すると、日に日に、すこしずつ東へと動きながら、すこしずつ太っていきます。

1週間ほどで、半月の形まで太った月が、夕方の南の空にかがやくようになります。これが「上弦の月」です。

その後も太りつづけ、2週間強で、日没とともに東から現れるほぼ丸い形の「満月」となります。地球から見て、太陽と反対側にくるわけです。

満月を過ぎると、今度は太っていったのと、ぎゃくの側から欠け始めます。月の出の時間は、どんどんおくれていきます。約3週間過ぎると、深夜になら

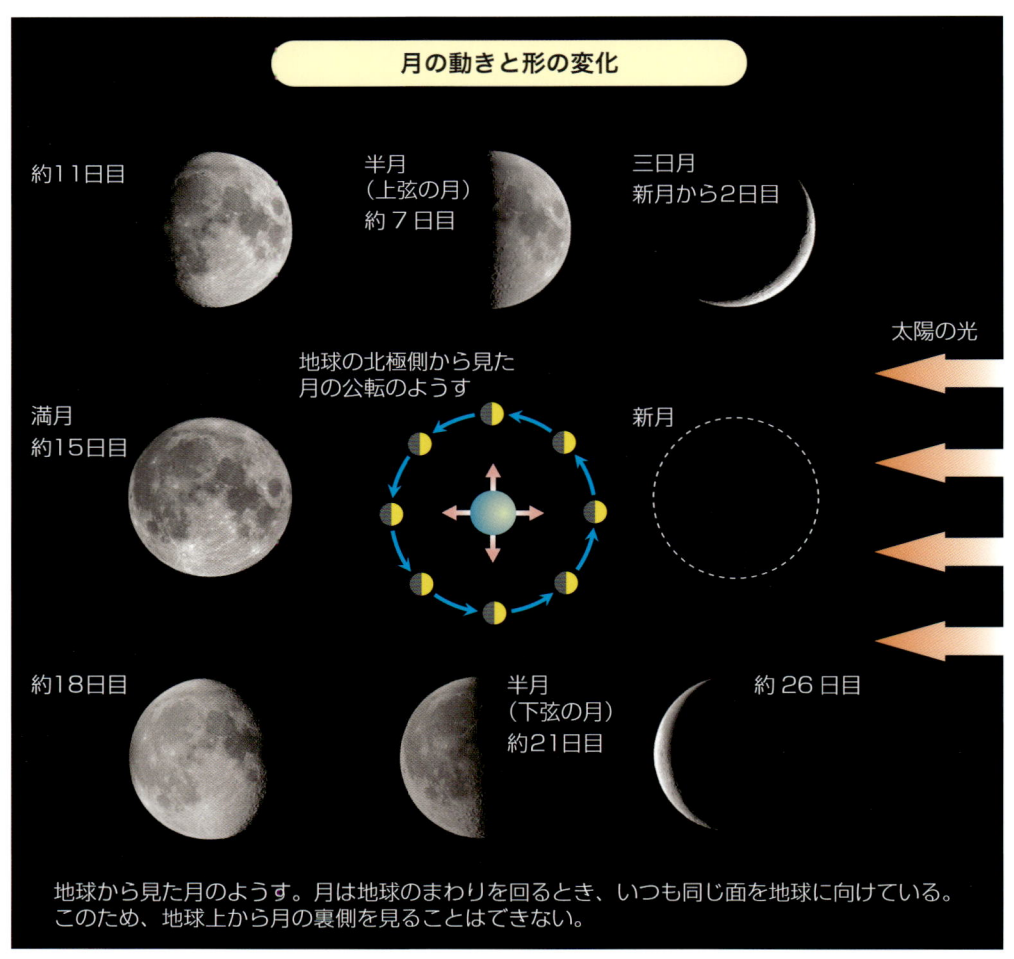

地球から見た月のようす。月は地球のまわりを回るとき、いつも同じ面を地球に向けている。このため、地球上から月の裏側を見ることはできない。

［森山鉄之助］

ないと東からのぼってこなくなってしまいます。ちょうど夜半にのぼる月というのは、最初の半月と、まったくぎゃくの形の半月となります。こちらを「下弦の月」とよびます。

　こうして、しだいにやせ細っていき、明け方の東の地平線に近づくにつれ、どんどん細くなります。そして、やがて太陽の近くに移動してしまい、見えなくなってしまうわけです。

　するとふたたび、同じように西空に現れますので、新しい月という意味で、「新月」とよびます。満ち欠けの周期は、平均して29.5日ほどです。新月のときを0として、新月からの経過日数を「月齢」とよびます。月齢が3というのは、新月よりも3日後ということで、細い「三日月」ですね。

　月齢15が、ほぼ「満月」となります。月齢は、月の満ち欠けの程度を知る数値といえるでしょう。

　まずは、今夜さっそく夜空に月をさがしてながめてみましょう。月齢によっては、なかなかうまい時間帯に見えないことがあります。そんなときには、まずは新聞の暦欄を見てみます。日本の新聞の暦欄は、たいてい気象情報のそばにあって、その日の「日の出・日の入り」の時刻だけでなく、月に関する情報「月の出・月の入り」の時刻、それに月齢が掲載されています。親切な新聞だったら、月齢のわきに月の満ち欠けをしめすイラストもありますので、月の形が視覚的にわかるようになっています。

　なんといっても明るい月ですから、どんな都会でもながめることができますし、季節や見る場所によっても、ずいぶんと雰囲気が異なります。「海に映える三日月」、「田んぼに映える満月」、「棚田を照らしだす田毎の月」、そして現代風に「都会のビルの間から上ってくる月」など、さまざまな月をながめてみましょう。

こぼれ話

上弦の月と下弦の月の由来

　昔の人は、月の満ち欠けをカレンダー代わりにしようと考え、月に準拠した暦（太陰暦）を利用していました。日本でも江戸時代までは、月に準じた暦を用いていましたので、どのカレンダー上の月でも、1日はかならず「新月」でした。1日を「ついたち」と読むのは、月がたつという意味からです。3日は「三日月」、15日が「十五夜」で、ほぼ満月です。

　月がほとんど見えないカレンダー上の月の最後の日を「晦（つごもり）」とよびますが、これも「月がこもる」という意味です。暦での日づけがそのまま月の満ち欠けを表していたのです。

　ところで、最初の半月になるのは月の上半期の約1週間目と下半期の3週間目ごろです。半月は、弓を張った弦に見たてて「弦月（げんげつ）」とよんでいました。

　今でも、月を3分割して、上旬、中旬、下旬とよんでいますね。弦月は月の上旬と下旬に現れます（ちなみに中旬は、「満月」です）。最初の弦月を「上旬の弦月」という意味で「上弦」、満月後の弦月を「下旬の弦月」という意味で「下弦」とよびます。これは、月を基準にした暦のなごりです。

　今では太陽を基準にした暦が採用されていますので、カレンダー上の日づけと、実際の月の満ち欠けとは、一致しなくなってしまいました。

　そのため、簡便な「おぼえ方」として、弦がどっち向きにしずむかというのに対応させたのが、今では一般的になってしまっているのですが、本来の意味ではないのです。

5 肉眼でながめる
　　天体たち：星

　なんといっても肉眼でながめる夜空を彩るのが、あまたある星です。月は、しばしば星や天の川をながめるには明るすぎて、じゃまになってしまいますが、月あかりがなく、光害もない理想的な夜空では、無数の星がまるで今にも降ってくるようにかがやきます。

　ほとんどの星は、おたがいの位置関係を変えることなく、夜空にはりついているように見えます。こうした"動かない"星を、恒なる星という意味で「恒星」とよびます。恒星をむすんで、わかりやすい動物や神話上の登場人物などにあてはめて、ひとまとまりにしたのが「星座」です。

　星座は天球にはりついているように見えて、日周運動とともに、どんどん西へ動いていきます。

　また、年周運動によって、季節で見える星座が西へ西へと移り変わっていきます。

　さっそく星をさがし、星座を見つけましょう。

　まず、夜空を見上げ、季節ごとの代表的なランドマークをさがすのがコツです。「春の大曲線」、「夏の大三角」、「秋の四辺形」、「冬の大三角」の4つがランドマークとして、町中でも見える目印となります。このランドマークをさがしあてたら、そこから「星座早見」などを用いて、周囲の星座をたどっていきましょう。

6 星座の起源

　現在使われている星座は、もともとは今から5000年ほど前の、チグリス・ユーフラテス川流域のメソポタミア文明が発祥の地とされています。この地方のカルデア人が、目だつ星々を線でむすんで動物や伝説の神さまの名前をつけていきました。

　こうしてできた星座は、やがてギリシャへ伝わり、神話の神さまなどとむすびつけられ、美しいお姫様や勇敢な若者、神が化けた動物なども星座になっていったのです。このころの48の星座を集大成したのが、ギリシャの科学者プトレマイオス（英語では「トレミー」ともよばれます）です。

　大航海時代になると、これまで見えなかった南天の星空に星座をつくることになりました。また、48星座の間などで新しい星座がつくられたり、当時の権力者や王様にこびるための星座もふやされたりして、国によって星座が異なるケースもでてきました。

　そこで、星座を整理・統一しようということで、1928年の国際天文学連合総会で、世界共通の88の星座の区画割りが決定されたのです。これが現在使われている「世界共通88星座」です。

　ところで、このとき東洋からの代表者は、会議には参加していませんでした。じつは、中国には独自の星座が発達していました。西洋星座が、比較的おおまかに夜空を区切っていたのに対し、中国星座は古くから200を超えていて、とても細かいものでした。日本でも、その星座を輸入していたことが、奈良のキトラ古墳の天井図などでもわかります。もし、一部でも東洋生まれの星座が世界共通の星座に採圧されていたならばとおもうと残念です。

　いずれにしろ、現在の星座は西洋生まれで、ギリシャ神話などの物語が織り込まれています。星座を見つけたら、それらの物語に耳を傾けてみるのも、宇宙のたのしみかたの1つといえるでしょう。

星座早見を使おう

　「星座早見」というのは、特定の日時に、そこで見える星座をさがすためにつくられたものです。星空の地図（星図）がえがかれた「星座」と、見ることが可能な夜空を表す窓があけられた「地平盤」を組み合わせてつくられているのが一般的です。

　北半球用の星座早見の中心は、北極星に対応します。ここが回転の中心になります。「星図盤」の周囲には、月と日づけの目盛りがあり、「地平盤」の周囲には時刻の目盛りが書かれています。この２つの目盛りを合わせたときに、「地平盤」の窓から見える星座が、そのときに観察できる星座となるのです。

　星空を表しているので、実際の夜空と見比べるときには、これを頭上にかざして見ることになります。したがって、東西方向は南北に対して、ふつうの地図とはぎゃくです。

　また、観察する方角（立って観察するときに向いている方角）を、その「地平盤」の方角として、それを下にもつとべんりです。

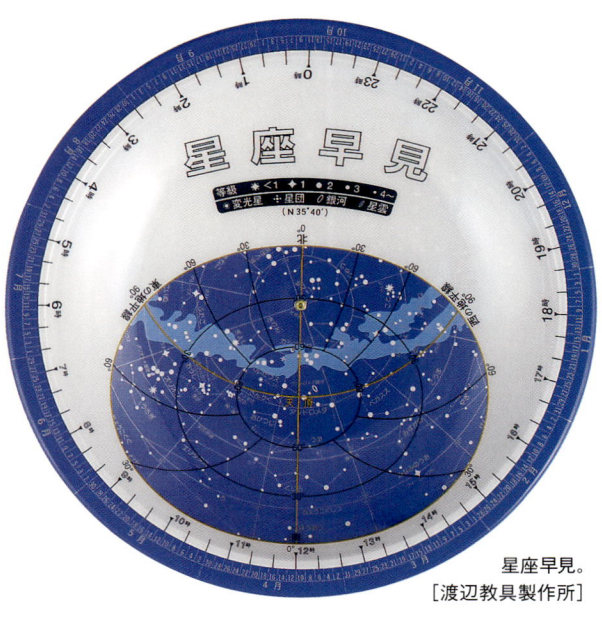

星座早見。
［渡辺教具製作所］

星座早見ソフト・アプリを使おう

　星座早見は、昔からの道具ですが、最近では携帯用コンピュータや携帯電話、ゲーム機、スマートフォンなどでも、星座早見ソフトやアプリケーションが使えるようになっています。単純に特定の日時の夜空の天体を計算してしめすだけではなく、画面の向きを感じる三次元センサーと、GPS機能を活用して、画面を向けた方角の夜空の星座などを表示するものまであります。任天堂ゲーム機DSの「DS星ナビ」や、iPadの「iStella」などが有名です。

　これらの利点は、紙版ではけっして再現できない、星空を動いていく天体：月や惑星を表示できることです。自分の見ている星や星座が一発で特定できるので、星座をさがすときなどに、今後ますます活用されていくことになるでしょう。

星座早見ソフト。
[アストロアーツ]

こぼれ話

星のまたたき

　一般に、夜空の星はきらきらと短時間のうちに、微妙に明るさを変えているように見えます。「きらきら星」という歌のように、またたいていますね。このまたたきこそ、星の美しさをひきたてています。最近ではプラネタリウムでも、このまたたきを人工的に起こしているものもあります。

　この星のまたたきは、天文学では「シンチレーション」とよんでいます。シンチレーションは、星の光が地上にとどくまでの大気の中に原因があります。地上近くでは風が吹いていますし、上空でもジェット気流があります。

　こうした空気の流れを星の光が通過するときに、微妙に曲げられたりするために、結果的に星の光がまたたいて見えるのです。冬の風が強いときには、またたきは大きく、はげしくなります。冬の夜空の星たちがきらきらしているのは、強い季節風も一因になっています。

　一方、上空に移動性高気圧がやってきたりすると、風がおさまってシンチレーションが小さくなります。夏などは湿気が多くて、空の透明度は落ちてしまうのですが、太平洋高気圧が強くなって、星のまたたきが落ち着いていることが多いものです。このように、同じ星空でも気象条件のちがいによって、見え方がだいぶちがってくるわけです。

　ところで、明るい星の中で、このまたたきがあまりない星を見かけることがあります。同じ明るさの恒星に対して、シンチレーションが少ない星は、おそらく「惑星」です。

　恒星は、どんなに拡大してもほとんどが「点源」なので、大気のゆら

ぎの影響を大きく受けます。一方の惑星は、肉眼で見るかぎりは点源ですが、天体望遠鏡で拡大すると面積をもっている「面光源」なので、大気のゆらぎを通りぬけるときの影響が少なくなるのです。木星や土星のかがやきが、ほかの1等星などと比べて、どっしりと落ち着いて見えるのはこのためです。

　シンチレーションは、天文学の観測にとっては大敵です。日本上空はジェット気流や地形が複雑なせいで、シンチレーションが大きく、細かな観測をしにくいのです。自然科学研究機構国立天文台のほこる大型光学赤外線望遠鏡「すばる」は、太平洋上ハワイ島のマウナケア山頂、標高4000mほどのところにあります。

　ここでは、大気が薄いだけでなく、つねに一定の風が吹いていることが多く、シンチレーションが少ないのです。そのような夜空では、星がほとんどまたたかず、じっと夜空にはりついているように見えます。きらきらとしていたほうが星は美しいはずなのですが、天文学的な観測には向いていないのです。

ハワイのマウナケア山の山頂にある・すばる望遠鏡。[国立天文台]

7 肉眼でながめる
　　天体たち：惑星

　星座を形づくる恒星の間を縫うように動いていく星が惑星です。これらは夜空の中で"惑う"星という意味で、「惑星」とよばれました。

　惑星（planet）の語源は、ギリシャ語のplanetes：さまようものという意味です。肉眼で見るかぎり、その大きさはわかりませんが、一般的に明るくて、目だっていたため、古代から水星、金星、火星、木星、土星の5つは認識されていました。

　水星と金星は、太陽のそばをいったりきたりします。ですから、この2つは夕方の西の空か、明け方の東の空にしか見えません。金星は太陽、月についで明るい天体で、夕方に見えるときには「宵の明星」、明け方にかがやくときには「明けの明星」とよばれています。

　太陽にもっとも近い水星は、太陽の周りをめまぐるしく動き、また太陽からあまりはなれないために、なかなか見る機会がありません。

　一方、火星、木星、土星の3つの惑星は、深夜の夜空にもかがやきます。火星は、赤くかがやく惑星ですが、しばしば大接近を起こし、そのときはきわめて明るくなります。

　木星は、落ち着いたかがやきを放つ惑星ですが、やはりふつうの1等星よりも明るく、都会でもよく目だちます。

　土星は肉眼で見る惑星では、もっとも遠く、ちょっと暗めで、地味な印象があります。

　しかし、天体望遠鏡を用いてながめると、その美しい環に圧倒されます。また、17世紀以降に天体望遠鏡によって見つかった天王星、海王星は、肉眼では見えません。

　これらの惑星の動きは、なかなか複雑ですが、基本的にはどの惑星も、太陽の通り道である黄道の近くを動きます。見る季節や時期によって、惑星の位置

は「黄道上」をどんどん動きます。

　また、惑星のほうが通常の恒星よりも明るいことも多く、星座の配列をみだしてしまいます。通常は、星図に惑星の位置を書き込むことはできません。しかし、肉眼で見る惑星のかがやきや色は、それぞれにちがっていますので、なれてくるとどれがどの惑星かが、しだいにわかってくるようになります。

　惑星の位置は、通常の本には掲載されていません。特定の日時に、これらの惑星がどこにあるのかは、月刊の天文雑誌や、インターネットの星情報（たとえば、国立天文台の「ほしぞら情報」http://www.nao.ac.jp/hoshizora/index.html など）、あるいは星座早見ソフトなどを参照すると調べることができます。

冬の天の川と火星。[国立天文台]

天体観測入門

双眼鏡、望遠鏡で見る
観察編2

1 双眼鏡・望遠鏡を使う

　肉眼での観察にあきたらなくなると、かならずほしくなるのが天体望遠鏡です。望遠鏡ショップや雑誌を見ると、さまざまなタイプのものが売られているのがわかります。どれを買ったらいいか、迷うことになるでしょう。自動車でもトラック、自家用車、トレーラーなど種類がたくさんあるように、望遠鏡や双眼鏡も、その目的によってさまざまな種類があります。

　ここでは、まず一般の方が星空を観察したり、観測するための適切な双眼鏡や望遠鏡と、そのえらび方・使い方について、かんたんに紹介しましょう。

2 双眼鏡・望遠鏡の光学系

　双眼鏡や天体望遠鏡の目的は、肉眼を超える、おもに2つの能力を得ることです。それは、①遠くのものを拡大して見る能力、②光を集めてかすかなものをはっきりと見る能力です。しばしば①は「倍率」、②は「集光力」ということばでいい表します。①は、おもに用いるレンズや鏡の焦点距離、②は、レンズや鏡の大きさ（口径）によって決まります。レンズや鏡などの組み合わせを「光学系」といいます。

　レンズによって集光する方式のものを「屈折式望遠鏡」、鏡によって集光する方式のものを「反射式望遠鏡」とよびます。「屈折式」は、望遠鏡の筒の前面にすえた「対物レンズ」と、目をあててのぞき込む「接眼レンズ」とを組み合わせたものです。

凸レンズと凹レンズを利用した望遠鏡で観測するガリレオ・ガリレイ。

　ガリレオ・ガリレイが用いたのが、対物レンズに凸レンズを、接眼レンズに凹レンズを利用したもので、「ガリレオ式」とよばれています。一方、接眼レンズに凸レンズを用いたものを「ケプラー式」とよんでおり、現代の屈折式望遠鏡は、ほとんどケプラー式です。ガリレオ式は視野がせまく、倍率を高くしにくいのですが、正立像となるので、ひじょうに安価で単純な双眼鏡であるオペラグラスに用いられています。また、ケプラー式は倒立像になる欠点はありますが、高い倍率でも視野はせまくなりません。

　実際に天体観測をするときは、倒立像でもあまり問題ないのですが、地上風景やバードウオッチングでは倒立像では見にくいので、対物レンズと接眼レンズの間に、2個のプリズムを入れて像を反転させ、おもに双眼鏡やフィールドスコープに用いられています。

　反射式望遠鏡は、対物レンズではなく、筒の奥の凹面の鏡（主鏡）によって集光する方式で、レンズよりも安価に大きな口径の望遠鏡をつくることが可能です。鏡を用いるために、天体の方向に光を反射させてしまうので、筒の中に小さな第2の鏡（副鏡）を置いて、集めた光を筒の外のどこかに導く必要があります。この副鏡を斜め45度の角度に置いて、筒の横方向に導く形式のものを、「ニュートン式」といいます。この方式は、安価で比較的大口径のものをつくれるので、多くのアマチュア天文家に愛用されています。

　これに対して、副鏡を凸面鏡として、主鏡のまん中にあなをあけて、その裏側に光を導く方式が「カセグレン式」です。

　天文台にある大型望遠鏡の場合は、接眼部が筒先横にあるニュートン式よりも、カセグレン式のほうが一般的になっています。また、副鏡を凹面鏡として、

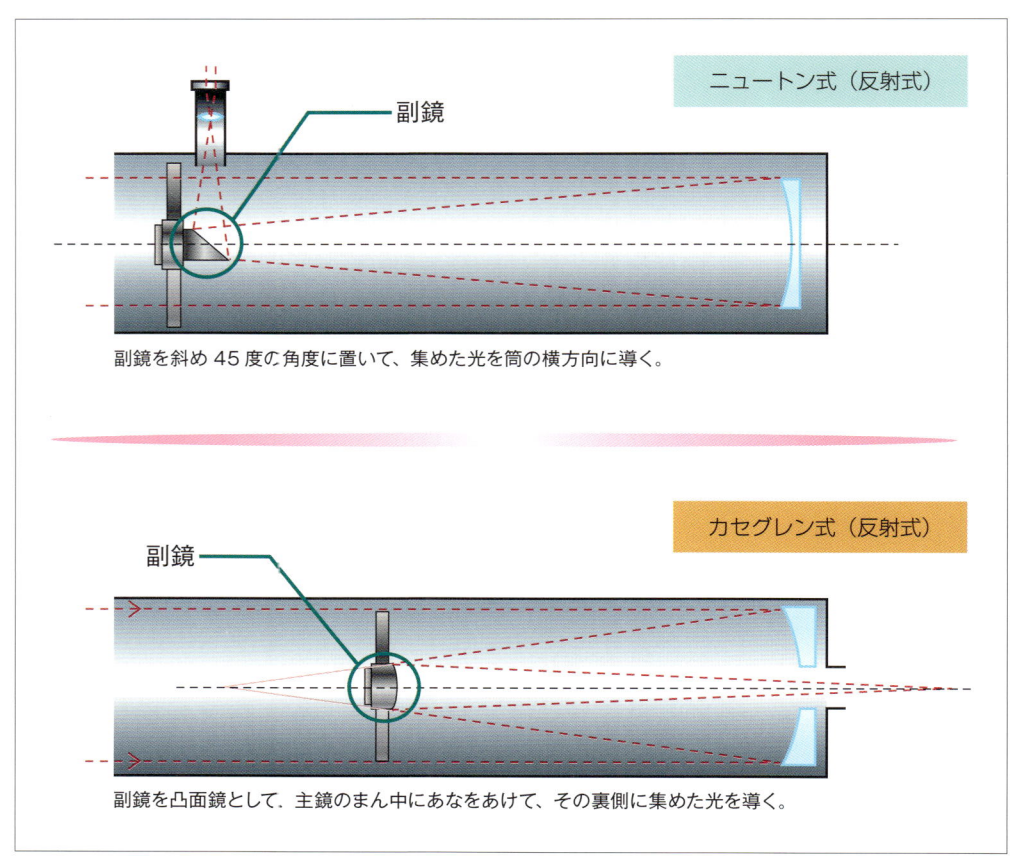

副鏡を斜め45度の角度に置いて、集めた光を筒の横方向に導く。

副鏡を凸面鏡として、主鏡のまん中にあなをあけて、その裏側に集めた光を導く。

主鏡の焦点よりも先に置いて、やはり主鏡裏側に導く方式を「グレゴリー式」とよびます。グレゴリー式は、筒が長くなる欠点はありますが、正立像を得られます。これは、江戸時代に日本の鉄砲鍛冶であった国友一貫斎が製作した反射望遠鏡に採用されています。

　これらのほかに「スナミス式」や「クーデ式」とよばれる方式もありますが、これらは大型望遠鏡にしか用いられません。

　基本は反射式なのですが、屈折式のように筒先に補正レンズを組み込んだ併用式もあり、まとめて「カタディオプトリック式」とよぶことがあります。短い焦点距離でゆがみのない、広い視野をえるための「シュミット式」、シュミット式でカセグレン式を組み合わせた「シュミット・カセグレン式」、「マクストフ・カセグレン式」など、さまざまな種類があります。

3 双眼鏡・望遠鏡の架台と駆動系

　気軽な天体観察では、双眼鏡や小さな望遠鏡を手もちで用いることもありますが、すこし大きなものだと、それをのせて動かすための「架台」が必要です。

　大きな望遠鏡で専門的な観測をする場合や、長時間の露出による天体写真を撮影するような場合には、「日周運動」を追尾する必要があります。

　そのために、望遠鏡をのせる架台が特殊なものとなり、それを動かす「駆動」が必要となります。これを駆動系（あるいは、制御系）といいます。

　架台は、カメラの三脚についている「自由雲台」のようなものもありますが、天体望遠鏡の場合には大きく分けて「経緯台式」と「赤道儀式」とがあります。

　経緯台式架台は、水平回転軸と、それと直交した高度回転軸をもつ架台です。この架台では、日周運動の追尾はむずかしいのですが、構造が対称で簡単、安価に製作できるため、初心者向けの望遠鏡だけでなく、天文台の大型望遠鏡でも採用されています。

　すばる望遠鏡などの大型望遠鏡では、この2軸制御をコンピュータで

経緯台式架台。[ビクセン]

行っていますが、それでも「視野回転」が起こるので、それをキャンセルするために観測装置を回転させるなどの工夫が必要です。

　赤道儀式架台は、地球の自転軸と併行な極軸と、それに直交した赤緯軸の2つの軸で望遠鏡を動かすもので、極軸だけの回転で天体の追尾を行うことができます。

　駆動系が単純なので、古くから用いられていますが、正確な設置、すなわち極軸を正確に天の北極に向けなくてはなりません。経緯台式にくらべて、やや高価になりますが、長時間露光の天体写真を撮影する場合などは、こちらのほうがべんりです。同じ赤道儀式でも、望遠鏡をどのように支えるかで、「ドイツ式」、「イギリス式」、「フォーク式」、「ヨーク式」、「ホースシュー（馬蹄）式」などがありますが、アマチュア用の望遠鏡にはドイツ式が、おもに用いられています。

　最近では、コンピュータ制御の技術が進み、アマチュア用の望遠鏡の経緯台式でも、最初の恒星導入などの設定をすると、あとは天体を指定すれば自動的に天体が導入されるようなものも使われるようになっています。

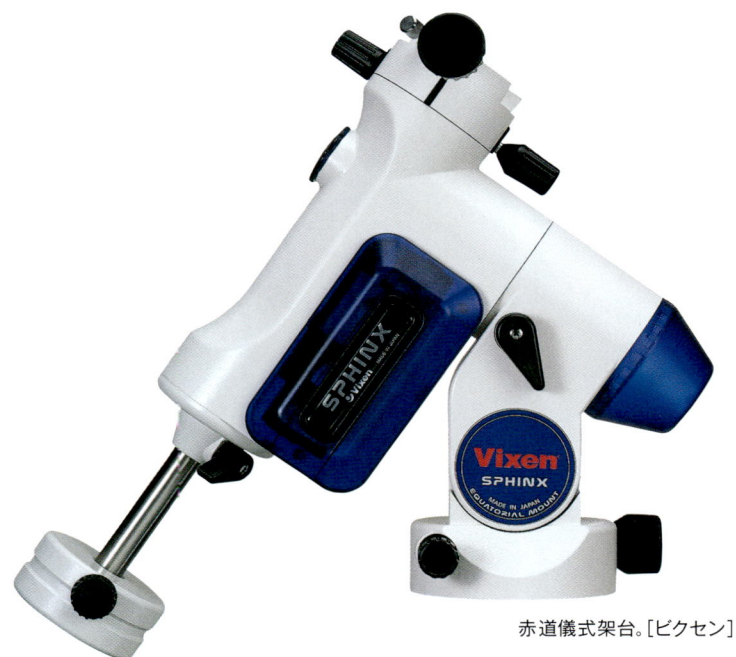

赤道儀式架台。[ビクセン]

4 集光力と倍率

　天体望遠鏡の能力の①倍率は、対物レンズまたは主鏡の焦点距離f1と、接眼レンズの焦点距離f2の比で決まります。

　　(倍率)＝f1/f2

　対物レンズの焦点距離が1000mmで、接眼レンズが20mmの場合、倍率は50倍となります。f2つまり、接眼レンズを変えることで倍率を変えることができます。原理的には、f2を小さくすれば、どんな倍率でも可能ですが、通常はあまり倍率が高くても、大気の"ゆらぎ"が大きいので、せいぜい200倍程度が日本では限界です。また、対物レンズまたは、主鏡の口径D (mm) の数値の数倍の倍率が限度といわれています。

　②の集光力は、対物レンズまたは主鏡の口径Dだけで決まります。口径が大きければ大きいほど、かすかな星も見ることができます。人間の目で口径7mmで見える、ぎりぎりの明るさ（限界等級）が6等とすると、口径と限界等級はつぎのようになります。

口径と限界等級の関係

口径D(mm)	25	50	75	100	150	200	300	400	500
限界等級（等級）	8.8	10.3	11.1	11.8	12.7	13.3	14.2	14.8	15.3

限界等級＝ $6+5\log(D/7\text{mm})$

　ただし、これは空が暗いところでの話です。都会のように夜空が明るく、星がよく見えないところでは、大きな口径の望遠鏡を用いても、かすかな星は見えなくなります。

5 天体望遠鏡は
目的・場所を考えてえらぶ

　まず、どこでなんのために使うのかを考えてみましょう。都会で用いる場合と、光害の少ない場所では、同じものでも能力を発揮する度合いがちがってきます。まず考えられるのは、自宅のベランダや庭などから天体をながめてみたいという人でしょう。しかし、自宅で天の川が見られるようなめぐまれたところに住んでいる人は、そんなに多くはないでしょう。

　一般的に都会の住宅地では、光害の影響があって、夜空が明るいケースが多いものです。そうすると微光天体や広がった星雲は見にくくなります。

　しかし、月や惑星などの明るい天体や、明るい散開星団などは十分にたのしむことはできます。こうした天体は、導入も簡単ですので、まずは「経緯台式」の「小さめの屈折望遠鏡」がおすすめです。

　初心者には、まず「組み立て式のキット」をおすすめします。組み立てながら望遠鏡の仕組みもわかりますし、できあがった望遠鏡はカメラの三脚に付けられるようになっています。

組み立て式の望遠鏡キット。

完成した望遠鏡。
[星の手帖社]

ひじょうに安価なのも魅力で初めて望遠鏡を手にする人にはおすすめです。これでも月のクレーターや木星の衛星、そして35倍程度なら土星の環もよく見えます。
　こうして望遠鏡のあつかいになれてきたら、つぎの目標を明確にして、口径の大きなものや、赤道儀式の架台などに挑戦してもいいでしょう。ただ、グレードアップするにつれ、どんどん重く、あつかいも複雑になりますので、けっきょく、あまり使わなくなってしまうということが少なくありません。
　中・上級者になると、星の観察もいくつかのパターンに分かれます。夜空の暗い場所へ出かけていって観察するケースでは、迫力ある星雲や球状星団などの天体を観察するため、経緯台式の大口径反射望遠鏡がこのまれます。この場合、移動にべんりな組み立て式で、アマチュア天文家ジョン・ドブソンによって考案されたドブソニアンという名称の望遠鏡も人気です。
　また、移動先で天体写真を撮影したりするケースだと、もち運びにべんりで、コンパクトな赤道儀式の屈折望遠鏡が用いられます。この場合は、望遠鏡は観望するためではなく、写真撮影中に星を追尾するために使われています。
　自宅で大きめの望遠鏡を使って、観察・観測などをするケースでは、その観察対象によってさまざまです。
　惑星などの観察だと反射望遠鏡よりも屈折望遠鏡が主流です。惑星の場合は、それほどの大口径は不要ですし、反射式の場合は、口径が大きくなればなるほど、筒の内部をふくめた気流のせいで、"見え味"が悪くなるからです。良好な観察のためには、天体望遠鏡をなるべく外気温と同じ程度にしておく必要があります。そうでないと、筒の中での対流が発生し、"見え味"を悪くします。
　自宅でも大型の赤道儀式反射望遠鏡を使って、天体写真を撮っている人を見かけますが、外気温との差をなくすため、観測前から外気にさらす必要があります。
　最近では、デジタル撮影技術が進み、光害の影響を画像処理で取り除くことができたり、光害特有の波長の光だけを取り除いたりすることができるようになっています。彗星などの明るさや、位置測定や、新天体の発見を目指す専門的な観察になると、大口径反射式望遠鏡に冷却CCDカメラといった高価な機材をそろえている人がほとんどです。

6 双眼鏡は万能

倍率2.3倍、口径40mmのガリレオ式のオペラグラス。[笠井トレーディング]

　ほとんどの望遠鏡は、片目でのぞくようになっていますが、これを両目でのぞけるようにした屈折型望遠鏡が双眼鏡です。たいていの双眼鏡はプリズムを光路に入れ、正立像にしていますので、操作もしやすく、両目で見る自然さもあって見やすいものです。天体観察にもよく用いられていて、最近では手ぶれ防止機能の付いたものまで発売されています。

　基本は「屈折望遠鏡」ですが、特殊な用途でもない限り、小型でもちやすく、倍率があまり高くないものがよいでしょう。

　双眼鏡の場合、威力をいかんなく発揮するのは、惑星などの観察よりも、「天の川」や「星雲」や「星団」といった夜空に大きく広がる天体です。そのため、あまり倍率が高いと視野もせまくなり、迫力がうすれます。7倍が最適ですが、せいぜい10倍までにしておきましょう。口径は大きなほうが、もちろん集光力を考えるうえではよいのですが、自宅などの光害地でながめるときには、それほど差がありません。口径50mmになるととても重くなります。自分なりに手軽にもち運べて、旅行にももっていける程度の重さにしましょう。

　また、倍率がおもいきり低く、視野も広いガリレオ式の「オペラグラス」も発売されています。倍率がわずか2倍程度、視野が30度もあると星座が1つすっぽりとはいってしまうので、都会のような光害地で星座をさがすときにべんりです。自宅にオペラグラスがあれば、それも活用してみてください。

　いずれにしろ、小さな双眼鏡でも、「すばる」などの散開星団はとてもきれいに見えるので、ぜひ双眼鏡を活用してみましょう。

天体観測入門

撮る
撮影編

天体観察を始めると、
どうしても自分の見た天体のすがたを写真に
残しておきたいとおもうものです。
でも、天体は暗いので、通常の写真撮影では写りません。
すこし工夫が必要になります。ここでは、
天体写真の撮影のしかたについて
説明していきます。

1 天体写真を撮るための道具

　まずは撮影するための道具をそろえましょう。目的によっても道具は、多少異なりますが、写真ですからカメラは必須(ひっす)です。おすすめは、「デジタル一眼レフカメラ」です。コンパクトデジタルカメラでも、天体写真が撮れないわけではありませんが、画質、レンズの選択、長い時間の露出の必要性、ピント合わせなどを考えると、デジタル一眼レフカメラが最適です。

　主要なカメラメーカーのもので、長い露出時間の設定が可能なものであればよいでしょう。目的によって適切なレンズも必要となります。なお、専門的な観測のためには「冷却式」のカメラもありますが、あつかいもめんどうですので、ここではふれません。

　また、惑星や月などの天体以外は、とても暗いものが多いので、露出時間が長くかかります。その間に、カメラがぶれてしまわないように、シャッターを手で押すのではなく、電気信号で送る「レリーズ」が必要です。ケーブル式のもの、リモコン式のものがあります。

　さらに、カメラを固定する三脚も必要です。ですが、天体望遠鏡にのせて撮影する場合は不要です。

　また、撮影した画像データを保存したり、画像処理で加工するためのコンピュータも、できればあるとべんりです。

三脚につけたデジタル一眼レフカメラとケーブル式のレリーズ。

2 固定撮影：
星の風景を撮影する

　天体望遠鏡を使わず、左ページにあげた機材だけあれば、すぐにでも星の写真を撮影することができます。デジタル一眼レフカメラを三脚に取りつけ、固定して、星座や星景色を撮影する方法で、「固定撮影」とよばれています。固定撮影では、日周運動によって動いていく星を、そのまま円弧(えんこ)として写すことになります。カメラ側の感度を高くして、数十秒程度に露出を抑えると、レンズの焦点距離が短かければ、円弧にならずに恒星が点像として写り、星座の形もわかります。もっともかんたんな方法ですが、地上などの風景も星空といっしょに写し込めるので、「星景写真」などともよばれています。自宅の庭やベランダなどからもかんたんに撮影できますから、ぜひ試してみましょう。

星景写真の例。［ビクセン・檜木梨花子］

3 追尾撮影：
かすかな天体を写す

　日周運動を追尾する天体望遠鏡にカメラを同架(どうか)して撮影する方法です。赤道儀式の天体望遠鏡だと、日周運動を追いかけられるだけでなく、同架したカメラなどでも、経緯台式で問題となる視野の回転が起こりません。そのために、長時間の露出でも視野全体に恒星が点像のまま撮影できます。また、最近の赤道儀式架台では、極軸にモーターが内蔵されていて、自動で星を追いかけてくれるものがほとんどです。

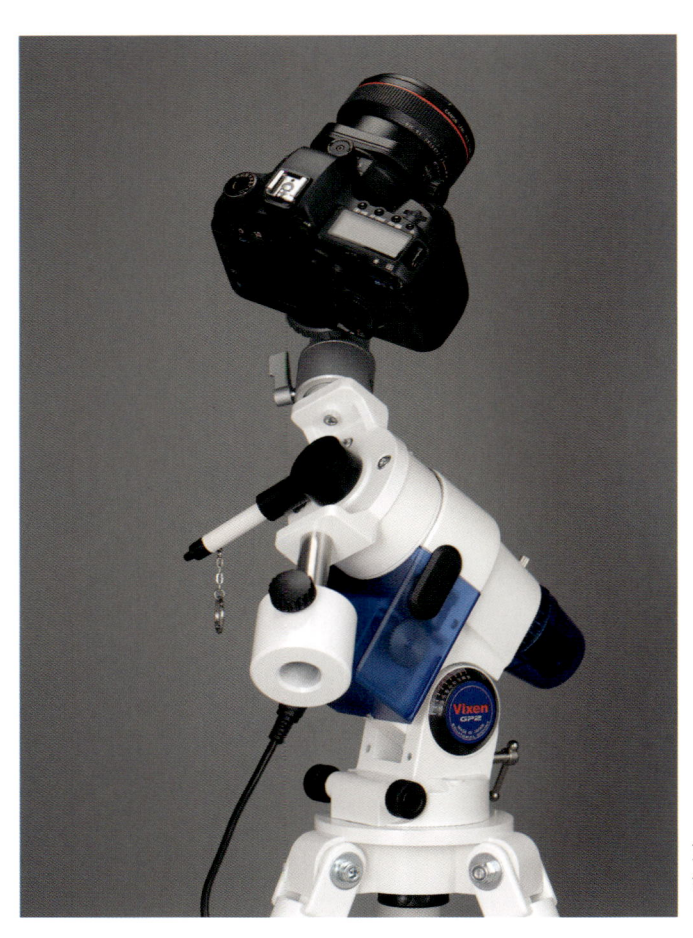

天体望遠鏡の
赤道儀架台に同架したカメラ。
[ビクセン]

追尾写真の例。[ビクセン・比山輝泰]

　光害の強い場所では、夜空が明るいので、露出時間をのばすと空全体が白っぽくなってしまい、それほど効果がないのですが、夜空が暗い場所だと、天の川や星雲などの広がった、かすかな天体も写しだすことができます。天体望遠鏡のセットアップに手間がかかり、かなりのなれが必要ですが、夜空が暗いところでは威力を発揮する撮影方法です。

　カメラのレンズを通常のものにしておくと、星座全体が写し込めるのですが、ある程度の望遠レンズを用いると、星雲や星団などを写すこともできます。通常のデジタル一眼レフカメラでは、散光星雲が発する水素Hα光を透過しません。そこで、この星雲の赤さを撮影できるように、素子（CCD素子やCMOSセンサー）の前にあるフィルターを外すケースもありますが、初心者は手をださないほうがいいでしょう。

4 直焦点撮影：天体望遠鏡を望遠レンズ代わりに

　天体望遠鏡そのものを望遠レンズの代わりにしてしまう方法です。通常は赤道儀(とうさい)に搭載された天体望遠鏡の焦点面に、カメラのボディを取りつけます。天体望遠鏡の対物レンズ、あるいは主鏡の焦点距離そのものが、カメラレンズの焦点距離になるので、拡大率がきわめて大きくなります。

　ただ、一般的には露出中に赤道儀を動かし、日周運動の追尾をする必要があることから、かなり大型で精度の高い赤道儀式天体望遠鏡が必要で、きわめて難易度の高い撮影方法です。

5 コリメート撮影：月や惑星を写す

　直焦点撮影では、天体望遠鏡によって拡大率が決まってしまいますが、月のクレーターを撮影したり、惑星を撮影するには、もっと拡大したいケースが多くなります。

　このようなときには、接眼レンズをカメラボディの前に置く方法があります。つまり、人間が天体望遠鏡でのぞいている天体のすがたを、そのまま撮影するものです。

　この方法は直焦点撮影よりもむずかしそうだと思われるかもしれませんが、月は明るいので、じつはそれほど困難ではありません。

　月のように明るい場合は、露出時間が短くてすむので、追尾しなくてもかんたんに撮れてしまいます。そして、月だけはデジタル一眼レフカメラに限らず、

木星。右側に写っているのは、衛星イオ。[国立天文台]

　コンパクトカメラや、場合によっては携帯電話のカメラでも十分に撮影することができます。カメラのライブビュー画面を見ながら、接眼レンズのところにあてるだけで、手もちでも撮影することができます。ぜひ、手軽に月を撮影してみてください。
　ただ、惑星となるとかなり暗いうえに、月よりも拡大率を上げる必要があるので、手もち撮影はむずかしくなります。カメラを天体望遠鏡にしっかりと固定し、なおかつ赤道儀式で追尾しながら撮影するため、難易度は高くなります。
　最近では、惑星の撮影にはWebカメラというコンピュータ用の小型動画カメラが用いられるようになっています。このカメラは、動画で撮影したデータをほぼ静止画像の連続でコンピュータに保存しますので、あとで画像処理をして"見え味"のよい画像だけを選びだし、合成することで、惑星の細部まで美しく映しだすことが可能となっています。撮影には、天体望遠鏡と赤道儀、それにWebカメラとデータ取り込み用のコンピュータが必要です。

6 動画撮影：
ビデオカメラで撮影する

　ビデオカメラで天体の動画を撮影するのも、昨今のデジタルビデオカメラの高感度化などで、ずいぶんとかんたんになってきました。なにはともあれ、静止画の写真よりも、望遠鏡でながめた天体の"生"に近いすがたがえられます。大気のゆらぎで、ゆらゆらとするようすを記録することができ、臨場感ある映像となります。

　家庭用のビデオカメラでも、月や惑星などの明るい天体は撮影可能です。機種によっては、ナイトショットとよばれるスローシャッター機能があるものがあり、色の情報は失われますが、星雲などのかすかな天体を写すこともできるようになります。こうした画像データをあとで処理して、静止画にすることもできます。

　望遠鏡で撮影するには、接眼部にビデオカメラを取りつけるアダプターが必要です。この場合、ふつうのビデオカメラは重いので、かなりがっしりとしたアダプターが必要ですが、やってみる価値はあるでしょう。また、日食や月食、あるいは恒星の"食"といった時間変化のはげしい現象を撮影した動画は迫力もあってたのしいものです。

　一方、夜空の星座を写すことは、ホームビデオカメラではなかなかむずかしいものです。モノクロの高感度カメラなどでは、かなり恒星が写ってきます。しばしば流星の観測には、光電子増倍管を用いた高感度カメラや、工業用高感度モノクロカメラなどが用いられています。これらのデータは、一般にコンピュータではなく、ビデオ媒体に保存されるのがふつうです。

7 天体写真の画像処理

　撮影したデータをコンピュータに保存して、その後に行うのが画像処理です。特に、天体の場合は、この画像処理が写真のよしあしを決めてしまう場合もありますので、かんたんに紹介しておきましょう。

　まずは、画像処理のためのソフトウェアの導入が必要です。天体画像処理専門のソフトから、一般用のものまで種類も豊富です。

　どのソフトでも一長一短がありますので、よく調べて導入しましょう。デジタル一眼レフカメラのデータは、基本的にRaw（ロー）モードで撮影します。ほかのモードだと圧縮されたり、データが欠落してしまいます。

　画像には、しばしば点々と光るノイズや、画面の片側に読み出し用のアンプの熱ノイズが見られることがあります。

　こうしたノイズを差し引くことが画像処理の第1歩です。それには差し引き用のダーク画像を用います。

　ダーク画像は、天体撮影が終了した後につづけて同じ露光時間・条件で複数枚撮っておきましょう。これを平均してダーク画像を作成し、天体画像から差し引くと、画像はかなりきれいになっているはずです。

　天体観測で測定をするような場合には、ここでフラット画像という素子の感度ムラを補正する処理を行いますが、観賞用の場合には、そこまで必要はありません。

　つぎに、デジタル現像処理を行います。色の調整や露光量を変えることができます。そして、複数枚の天体画像を合成（コンポジット）して、必要な色彩強調、レベル補正、あるいは各種の画像処理フィルターによる処理などを行います。

画像処理でだいじなことは、あくまで自分のデータだけをあつかい、決して「捏造」をしないことです。自分の撮影した画像をぜひ、かわいがって、美しく、見ばえよくお化粧してあげてください。

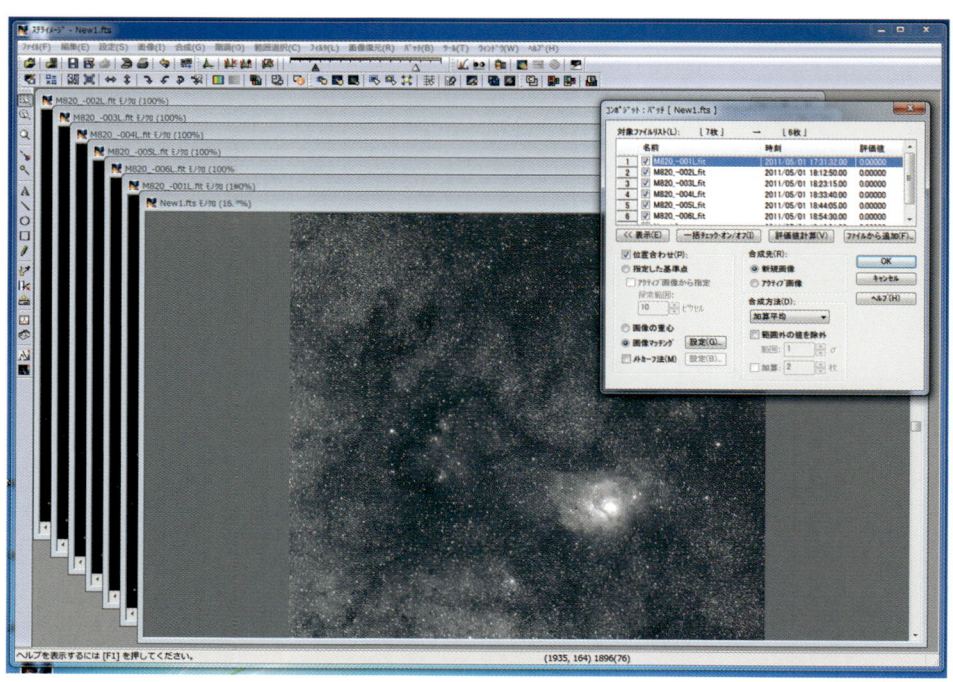

撮影した画像をソフト上で処理しているようす。[アストロアーツ]

天体観測入門

測る
観測編

天体観察になれてくると、
なんとなく天文学者のように天体観測を
してみたいとおもうかもしれません。ここでは肉眼や
小さな望遠鏡などでできる、かんたんな
天体観測について紹介します。
ぜひこの「観測編」を読んで、まずは
観測に挑戦してみましょう。

1 天体観測の基礎：座標系

　まずは、観測するときの基本の知識をおぼえておきましょう。「見る」編でもすこし紹介しましたが、天球という仮想的な丸い天井での天体の位置を表すための「座標系」がいくつかあります。

　「地平座標」は、観測者の地平線に準拠した座標系で、天体の位置を「方位」と「高度」で表します。方位は南を基点（0度）として、西まわりに360度までの数値で表します。高度は地平線（水平線）を基点（0度）として、「天頂方向」に＋90度まで、仮想的な「天底方向」に－90度までの数値で表します。

　「赤道座標」は、地球の自転を基準にした座標系で、天体の位置を「赤経」、「赤緯」という2つの数値で表します。

　赤経（「$α$」または「R.A. = Right Ascension」）は、春分点を基点（0h）として、東まわりに24h（時）までの数値で表します。時間の経過とともに、天球が動くことを考えて、赤経は時分秒で表します。

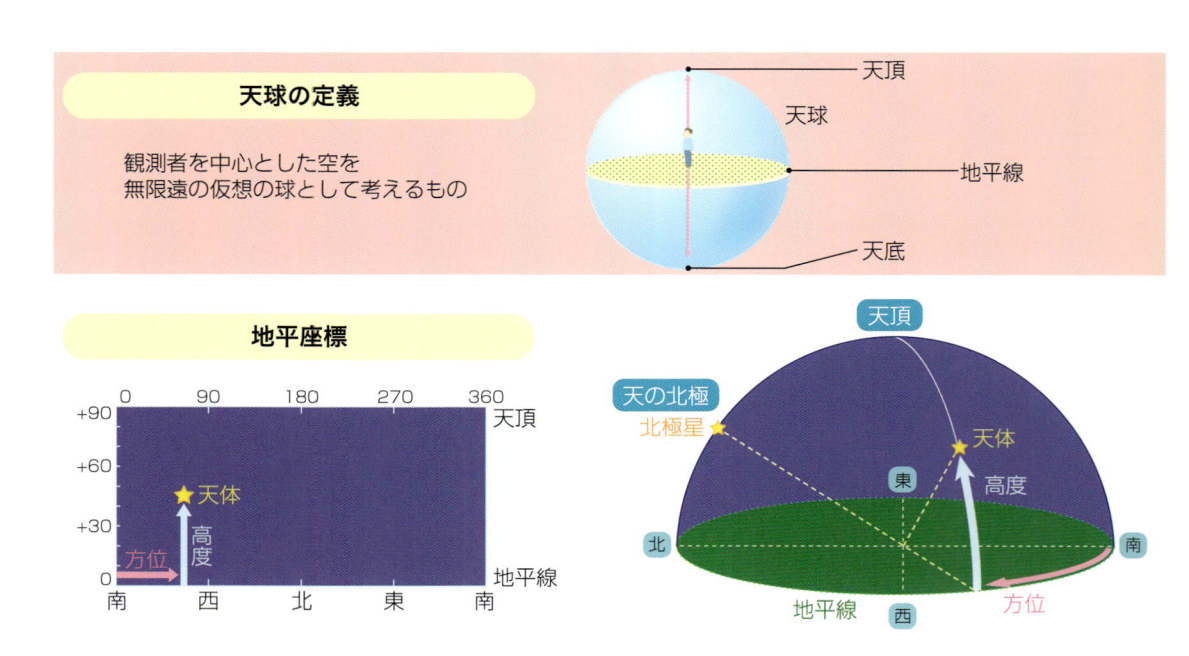

天球の定義

観測者を中心とした空を
無限遠の仮想の球として考えるもの

地平座標

46

赤緯（「δ」または「Decl. = Declination」）は、地球の赤道を延長して天球と交わる天の赤道面を基点（0度）として、南（−）、北（＋）にそれぞれ90度までの角度で表します。

この座標系は、地球の「歳差運動」などで、わずかずつ変化します。実際の天体の位置を「視赤経」、「視赤緯」（視位置）とよびますが、これだと観測時刻でちがってきます。そこで、西暦2000年の年初を基準とする位置を2000年分点（J2000.0）の赤経、赤緯として、通常のカタログでは、この値を用います。

ほかに天球上の太陽の通り道である黄道を基準にした「黄道座標系」（黄経＜λ＞、黄経＜β＞）や、天の川および銀河系の中心を基準にした「銀河座標系」（銀経＜l＞、銀緯＜b＞）なども用いられます。

ある星からほかの星への方向や、固有運動の方向、あるいは彗星の尾の向きなどをしめすために、「位置角」という数値を使うことがあります。これは、おもに赤道座標系で、ある点から北極にいたる方向を基準の0度として、東まわり（反時計まわり）に測った角度です。ちなみに、恒星の日周運動の方向は位置角270度の方向となります。

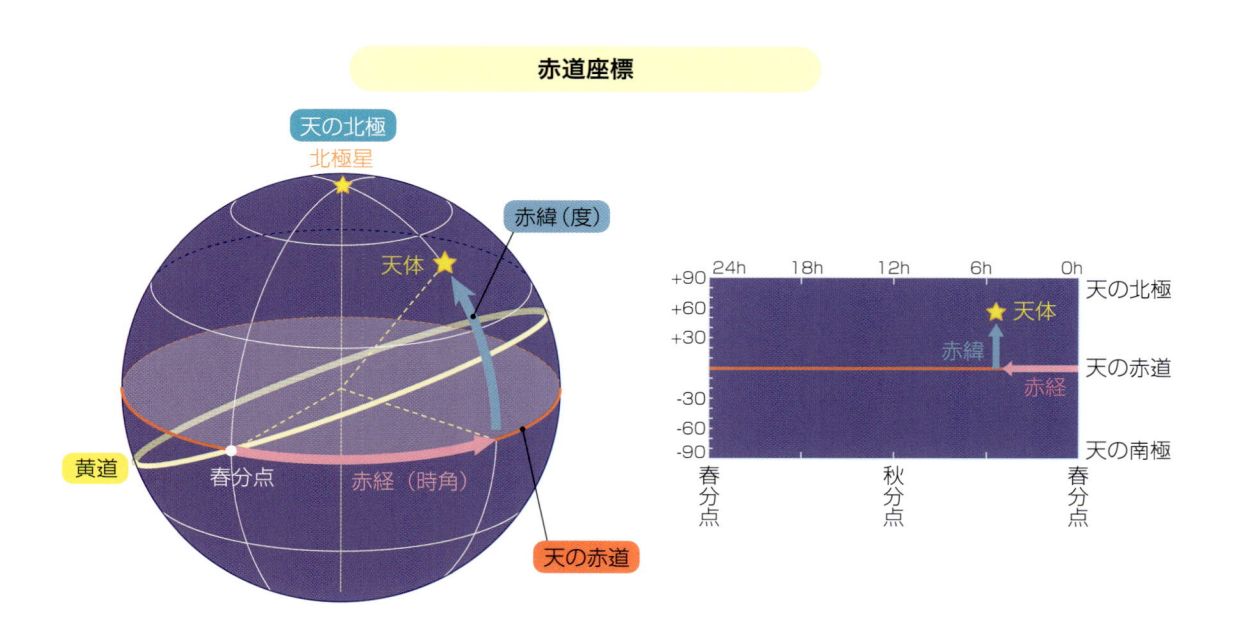

赤道座標

2 天体観測の基礎：時刻系

　観測で、もっともたいせつなことは、「観測した場所」（東経、北緯、標高）とともに、「正確な時刻」を記録することです。どちらもGPS等を利用すると、かなり正確な値を得ることができます。

　ところで、わたしたちが日常生活で使っている時刻は、日本標準時（JST）とよばれ、世界共通の時刻である世界時（UT）よりも、9時間進んだ時刻です。時刻の記録は日本標準時で行ってもかまいませんが、これだと深夜に観測する場合は、日づけをまたいでしまうことになります。たとえば、12月31日の23時から観測を始めて2時間後になると、翌年1月1日の1時になってしまうので、いささかふべんです。そこで、夜間観測の場合は、「30時間制」をとることがあります。これだと、上記の例は12月31日の23時から25時までと表記されます。世界時になおすときにも、9時間をそのまま引いて、日づけが変更されませんので、とてもべんりな表記法です。

　天文学では、この時刻のほかに、恒星が南中する時刻を基準とする「恒星時」という時刻系もあります。これは春分点を基点として、東まわりに観測地点の子午線までの角度を時間単位で表したものです。そのため、観測地の経度ごとに異なっていて、その場所の恒星時を「地方恒星時」と、特に経度0度における恒星時を「グリニッジ恒星時」とよんでいます。恒星時の1日は、約23時間56分04秒に相当します。なんでこのような、めんどうな時刻系があるかというと、じつはとてもべんりな側面があるからです。地方恒星時は、その場所の子午線に相当している、つまり南中している赤経そのものだからです。

　また、変光星などの長期的な天体の変動を表すときに用いる時刻系として、「ユリウス日」があります。紀元前4713年1月1日12時を第0日として、通しの日の値で定義したもので、通算した日数がすぐにわかるのでべんりです。時刻は小数部の値として表されます。たとえば、2020年1月1日0時（UT）は、

ユリウス日では 2458849.5 日となります。ただ、桁数(けたすう)が大きいこと、日づけの変わり目が正午なのでふべんなため、世界時の 1858 年 11 月 17 日 0 時、すなわちユリウス日の 2400000.5 日を新しい起算日とする「準ユリウス日」というのも用いられています。

3 天体観測の基礎：等級

　恒星や天体の明るさを表すのに、天文学では「等級」という物差しを使います。これについての詳細は、このシリーズの『恒星・銀河系内』の巻をごらんください。恒星だけではなく、「銀河」や「彗星」などの拡散した天体でも、ある程度の面積内の明るさをたしあわせて、等級を用いて表します。

　「眼視(がんし)」で観測する場合の等級を「実視等級」とよびます。専門的な観測を行う場合は、フィルターをかけて、いろいろな色ごとの明るさを算出しますが、その場合はフィルターがカバーする波長範囲である「バンド名」をつけます。むらさき色のU等級、青色を中心としたB等級、眼視に近い可視域（波長 550nm(ナノメートル) を中心としたV等級、赤色のR等級などがあります。

星の明るさ

1 等星
6 等級の 100 倍

2 等星

3 等星

4 等星

5 等星

6 等星
肉眼でぎりぎり見える星の明るさ。

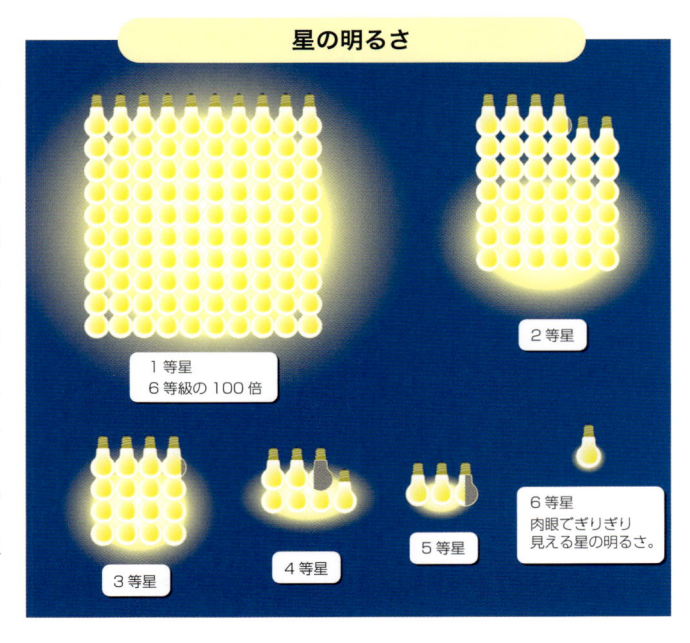

4 天体観測の実際：流星編

　天体観測でもっとも手軽で、人気の１つが流星観測でしょう。なにしろ、望遠鏡や双眼鏡といった特別な機材がいりません。肉眼で夜空を広く観察しながら流星が出現するのを待つだけなので、みなさんが今夜からでも始められるほどです。みなさんが目撃した流星は、そのときかぎりです。２度と同じ流星は現れません。その流星を目撃したのは、あなただけかもしれません。貴重なデータとなりますから、ぜひ観測記録を残しましょう。

　月あかりがなく、流星群（『太陽系・惑星科学』の巻を参照）の活動が極大の時期前後だと、確実に流星をとらえることができます。その流星群の活動度も推し量ることができます。

　まず準備するものとしては、正確な「時計」（秒単位）です。デジタル表示の置き度計や、さわると音声で時刻を知らせてくれる時計もべんりです。それに、観測用の「懐中電灯」（赤く減光したもの）、移動するときに用いる通常の懐中電灯もあるとべんりでしょう。

　そして、流星観測用の「記録用紙」。形式は問いませんが、つぎのページに記録用紙の例をしめしておきます。コピーして使ってみましょう。

　１人で観測する場合、夜空から目をはなさないように記録できる「ボイスレコーダー」や、探り書き用にレジのレシート用の「ロール用紙」なども利用されています。記録用の「筆記用具」も必要です。

　また、長時間立ったままで観察するとつかれますから、「レジャーシート」や「サマーベッド」などを用意して、安全な場所で寝転んで観察できる準備をしておきましょう。季節によっては防寒対策、防虫対策が必須です。

　観察準備がととのったら、さっそく観察場所を決めましょう。光害をさけ、街灯などのあかりがない、夜空が十分に暗い場所で、視界がなるべく広いところをえらびます。ただし、危険でないところをえらびましょう。

流星眼視個人計数観測・記録用紙Ａ　　（No.　　）

観測日	年　　　　月　　　　日〜　　　　日
観測時刻	時　　分〜　　時　　分（時間：　　分）
観測者	記録者
観測地	（※東経　　度　　分、北緯　　度　　分）

【空の状態の記録】	時　　分	時　　分	時　　分	時　　分
最微星光度（エリア／星数）	エリア：　　個	エリア：　　個	エリア：　　個	エリア：　　個
最微星光度（等級）	等	等	等	等
雲量	／10	／10	／10	／10

●観測記録：

観測時間帯 （※5〜10分おきに）	群流星数	散在流星
時　　分〜　　時　　分	個	個
時　　分〜　　時　　分	個	個
時　　分〜　　時　　分	個	個
時　　分〜　　時　　分	個	個
時　　分〜　　時　　分	個	個
時　　分〜　　時　　分	個	個
合計観測時間　　　分	合計　　　　　　個	合計　　　個

●集計結果：

空の状態の観測結果		流星観測結果（流星数）		
平均最微星光度	等	全体	群	散在流星
平均雲量	／10	個	個	個

国立天文台天文情報センター

流星観測用の記録用紙の例。［国立天文台］

観察場所に到着したら、すぐに観察を行うのではなく、しばらく目を暗闇にならします。そして、観測スケジュールにしたがって観測を行います。1回の観測時間は30分以上とし、休憩をはさんで、何度かくり返すとよいでしょう。たとえば、50分観測して10分休憩をとるなどの方法があります。

観察開始の前と後には、夜空のチェックを行います。星の見え具合、つまりどのくらい暗い星が見えるか（最微星光度）を調べます。天の川がはっきり見えるような暗い空と、光害があってあまり星が見えない市街地では、とらえられる流星数がちがいますので、観測結果を比較するためには、夜空の条件を記録しておく必要があるからです。その星空でなるべく天頂に近い場所に見えるもっとも暗い星の等級「最微星光度」は、手もちの星図を使って、もっとも暗い星が何等星か調べる方法と、国際流星機構が定める比較的明るい星で囲まれた、決められたエリアの中の星の数をかぞえて算出する方法があります。

最微星光度測定用「エリア6」

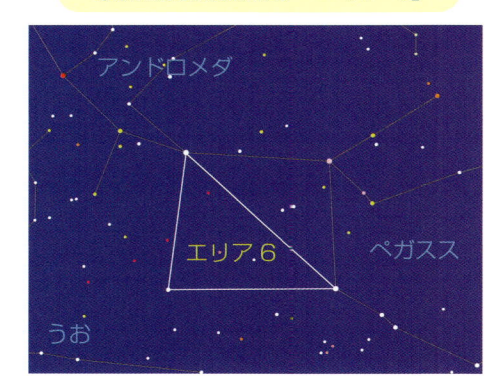

流星観測のときには、空の状態を調べるため、もっとも暗い星の明るさ（最微星の等級）を知る必要がある。そのために、明るい星で囲まれたエリアがいくつか設定されていて、そのエリア内に見える星の数をかぞえれば、最微星光度を算出することができる。ここではペルセウス座流星群や、ふたご座流星群などに使える、秋の四辺形の「エリア6」の例をしめす。
ほかのエリアについては、国際流星機構のページ
http://www.imo.net/visual/major/observation/lm
などを参照のこと。

エリア内の星数と最微星光度

星数	最微星光度	星数	最微星光度	星数	最微星光度
1	2.06	21	6.59	41	7.12
2	2.49	22	6.59	42	7.14
3	2.84	23	6.60	43	7.15
4	4.66	24	6.60	44	7.19
5	5.08	25	6.67	45	7.24
6	5.49	26	6.68	46	7.27
7	5.56	27	6.68	47	7.33
8	5.80	28	6.69	48	7.37
9	6.13	29	6.72	49	7.43
10	6.14	30	6.73	50	7.44
11	6.17	31	6.74	51	7.45
12	6.25	32	6.82	52	7.45
13	6.25	33	6.87	53	7.45
14	6.26	34	6.89	54	7.49
15	6.29	35	6.89	55	7.49
16	6.44	36	7.07	56	7.50
17	6.47	37	7.07		
18	6.50	38	7.10		
19	6.50	39	7.11		
20	6.57	40	7.12		

さらに、夜空が快晴でなく、雲でおおわれる場合があります。観測者が見える雲全体のうち、雲がどのくらいをしめるのか（雲量）も記録します。
　空全体をおおっている状態が10、雲がない快晴が0で、たとえば半分を雲がおおっていたら5です。
　「雲量」は、観測の開始前と終了後に調べますが、刻々と変化する場合は、とちゅうでも時刻とともに記録しておくとよいでしょう。
　また、流星群の出現が予測される場合は、放射点を確かめておき、流星群に属する流星が、視野のどちらの方向から流れてくるかを確認しておきましょう。
　さぁ、時間になったら開始です！
　基本的には寝転がって天頂を向き、開始時刻を記録します。視界の都合で、天頂よりも下側を視野の中心にする場合は、その視野の中心の星座や方角・光度を記録します。
　流星が出現したら、まずは流星群に属する流星か、それとも属さない「散在流星」かを判断します。出現時刻とともに、まわりの恒星と比較して、流星がもっとも明るいときの明るさ（光度）を等級で記録します。
　ここでは5分〜10分ごとの出現数のみを記録する方式の記録用紙（P.51参照）をのせておきます。もし、流星に特徴があった場合には、それを記録しておくとよいかもしれません。経路にそって「筋」のようなものが残る「流星痕」の有無、流星の速度や色なども貴重な情報です。
　観測が終了したら、帰宅後にデータを整理し集計しましょう。空の状況（最微星光度・雲量）の記録を確認し、平均値を求めたり、集計したら、つぎは、しかるべきところに報告します。流星の場合は、「日本流星研究会」という団体が受け付けています。集計用紙は、日本流星研究会のホームページからダウンロードして用いてください。
　このように流星をかぞえ、流星群の出現状況を調べたりする観測を計数観測とよんでいます。なれてくると、1つ1つの流星の経路を記録する経路プロット観測という手法や、ビデオ機材などを用いたやや専門的な観測方法もありますので、よかったら挑戦してみてください。

5 天体観測の実際：月編

　月は、どんなに小さな天体望遠鏡でも手軽にできる天体観察の対象です。明るいこともあって、月に望遠鏡を向けるのも容易です。

　準備は、それほどたいへんではありません。月は明るいために、流星のように光害をさける必要もなく、自宅の庭やベランダ、あるいは部屋の窓からでも観察できます。まずは、天体望遠鏡を用意します。つぎに、新聞の暦欄などで今夜の月の暦を調べます。月齢と月の出入りの時刻が掲載されているはずです。観察しやすいのは三日月から上弦をはさんで満月まででしょう。月が出ているのが、夕方から宵の口の時間帯となるからです。

　さて、月を見つけたら、さっそく望遠鏡を向けます。まず、倍率をやや低くして、月全体が視野にはいるようにします。そして、太陽の光を受けてかがやいている部分と、影になっている部分の境界線に注目しましょう。この境界線は、「明暗境界線」ともよばれています。この境界線が全体として、ほんのすこし凸凹して、スムーズな曲線ではないことがわかるはずです。つづいて天体望遠鏡の場合は、倍率をすこし上げて、この境界線部分を拡大して見てみましょう。境界線付近には、月表面の丸い形をしたクレーター、山や谷などの地形があることがわかります。太陽光線が斜めから差しているために、地形の高低差が強調されているのです。

　さらに、先ほどの倍率のままで、明暗境界線ぞいに望遠鏡を動かしてみましょう。明暗境界線に近い部分で、影の部分に光る点が見つかるかもしれません。これは地球でいえば、平地よりも山の頂上のほうが先に日の出になって太陽光が当たっているものです。余裕があったら、この光る点がどのように変化するか時間をおいて観察してみてください。数時間のうちに、光る点はしだいに大きくなり、明暗境界線がそこまで達して、明るい部分に飲み込まれていきます。この点と境界線の距離から山の高さも推定できます。（P.56 コラム参照）

月の観察の圧巻は、なんといっても「クレーター」の観察です。じつは、クレーターにはさまざまな種類があります。小さなクレーターはきれいな「おわん型」です。やや大きくなると底の部分が平たんな「平底型」となります。特に明暗境界線付近でさがしやすいでしょう。さらに大きくなると、平底の中央部に盛り上がりをもつ、「中央丘型」となります。中央丘の高さは、クレーターの直径にほぼ比例しています。直径が60kmを超えると、内部は平坦で、複数の同心円上の構造をもつ「多重リング」型が多くなります。さらに大きなものは「盆地」とよばれます。

　さて、このようなクレーターのほかに、クレーターをつくった衝突によって吹き飛ばされた噴出物が、ふたたび月面上に落下してできた2次クレーターもあります。クレーターの中でも南部の高地にあるティコは新しいもので、満月に近いときには、このクレーターから四方八方に光の筋がのびているのがわかります。これは「光条」とよばれ、衝突時に放りだされた物質が飛び散った痕跡です。

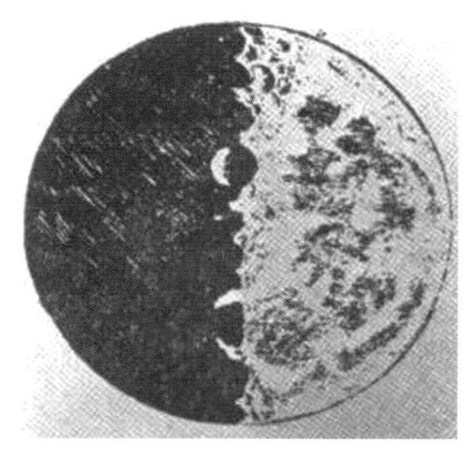

世界で最初に公表されたガリレオの月面スケッチ。

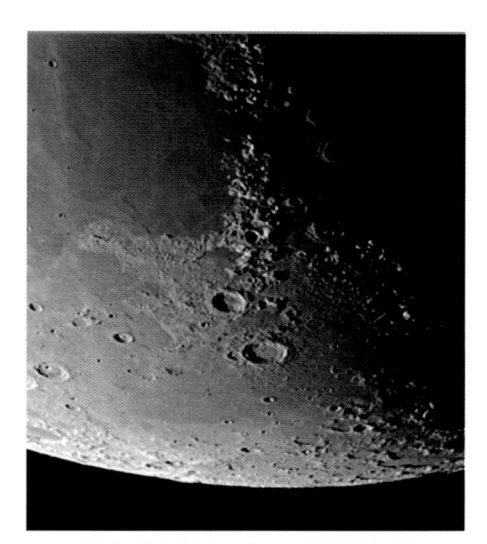

月面に見えるクレーター。［国立天文台］

　この光条だけは、満月のときのほうが見やすくなります。満ち欠けの具合いで、同じ地形でも見え方がまったくちがってくるところもおもしろい観察ポイントです。

　さぁ、ぜひ今夜にでも月を観察して、肉眼では見えないダイナミックな月面散歩をたのしみましょう！

明暗境界線の光る点から山の高さを求めてみよう

　かんたんな仮定をすれば、明暗境界線の位置と光る点の位置から、山の高さを推定できます。考えやすいように、上弦の月における観察とします。光る点は月のほぼまん中、つまり赤道付近にあり、明暗境界線から距離Lだけはなれています。地球は、明暗境界線を正面から見ることになり、太陽光はほぼ月と地球をむすんだ線に対して直角の方向からやってきます。望遠鏡で観察して、明暗境界線からの距離Lが、月の直径の1/20だったとします。月の直径は、約3500kmですから、Lは175kmにそうとうします。

　そこで、月の中心C、明暗境界線の点B、山の頂上Aを結んだ直角三角形を考えます。CBとBAは、それぞれ1750km、175kmとわかりましたので、辺ACが三平方の定理より、約1759kmと計算できます。したがって、山の高さは、この辺ACから半径分1750kmを引いた値、約4kmとなります。

　みなさんも実際に明暗境界線から光る点までの距離Lを自分の望遠鏡で測定し、その山の高さを計算してだしてみましょう。正確な測定はむずかしいですが、月の直径とくらべる方法ではなく、直径のわかっているクレーターと比較して求めてもいいでしょう。

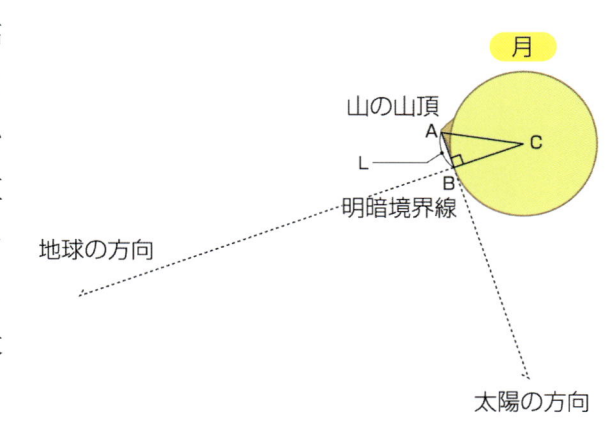

6 天体観測の実際：惑星編

　月のつぎに、天体望遠鏡を向けるのは「惑星」でしょう。夜中に見える惑星の中でもぜひながめてみてほしいのが「木星」です。さすがにオペラグラスではむりですが、15倍程度の低い倍率の小さな望遠鏡でも、木星のそばに、小さな星がくっついているのがわかります。17世紀にガリレオ・ガリレイが発見した、木星の4つの惑星「ガリレオ衛星」です。明るいので、光害がはげしい都会でも観察できる対象です。

　木星の位置を前もって調べておき、見えることがわかったら、さっそく望遠鏡を向けてみてください。

　まずは、低倍率で木星を望遠鏡の視野の中心に導入しましょう。つぎに接眼鏡を変え、倍率を高くしてみましょう。丸い形をした木星本体と、その周りにならぶガリレオ衛星が見えるはずです。そうしたら、「観察手帳」に木星とガリレオ衛星の位置をスケッチして記録してみてください。もちろん、日時もわすれずに書き込みます。

　そして、余裕があれば1時間ごとに何度か同じように観察記録をとってみましょう。運がよければ、ガリレオ衛星の位置がすこし動いていることがわかるはずです。

　ガリレオ衛星は、内側からイオ、エウロパ、ガニメデ、カリストとならんでいますが、もっとも内側のイオは木星を1周するのにわずか約1.8日ですので、数時間でも動いているのがわかることがあります。そして、できれば何日か連続して観察してみましょう。そうすればこれらの衛星がどんどん動いていくこと、そして木星の周りをまわっていることが想像できるはずです。

　ところで、ガリレオ衛星の観察になれたら、木星本体の観測に挑戦してみませんか。こちらはすこし高い倍率が必要になります。東西方向にのびた何本かの縞模様が、基本の木星の表面なのですが、じつははげしく変化しているとこ

ろなのです。しばしば「白斑(はくはん)」とよばれる台風の目のようなものができたり、縞模様が突然変化してうすくなったり、濃くなったりします。

さらに、「大赤斑(だいせきはん)」とよばれる巨大な台風の目のような斑点(はんてん)も、様相が変わっていきます。

また、天体が衝突して「衝突閃光(しょうとつせんこう)」とよばれる光を発したり、そのまっ黒な痕跡(こんせき)が突然現れたりするのです。もしかすると、みなさんの観測が、その貴重な記録を残すことになるかもしれません。

木星を望遠鏡の視野に入れたら、やや高めの倍率に接眼鏡を変えて、しばらくじーっと木星をながめてみてください。ゆらゆらとした大気の乱れがときどき止まって、一瞬その表面の模様が浮き上がって見えることがあるはずです。こういうタイミングをねらって、ぜひスケッチをとってみましょう。木星の自転は早いので、スケッチ観測は手早く行います。観察には赤道儀式だと、木星が日周運動で視野から外れていくのを防ぐことができてべんりです。

10cmクラスの望遠鏡では、観測になれてくると木星の南半球に大きな斑点があることに気づくかもしれません。これは大赤斑とよばれ、数百年にわたって永続している渦です。最近では、色がうすくなってやや見えにくくなっていますが、木星の中では、縞模様についで目だつ模様です。大赤斑などの模様が木星の中央経度を通過する時刻を目測で測定することをCMT観測とよんでいますが、何日かつづけてやってみると、その自転周期がわかります。（P.62「木星のCMT観測」を参照）

木星と同じように、「土星」の本体の観察も行うことができますが、木星と比べると変化が少なく、目だった模様もなかなか見えないので、かなり上級者向けになります。それよりも土星は、その環の傾きが年々ちがってきますので、毎年その変化をながめるのもおもしろいでしょう。

木星のガリレオ衛星の観察用紙。
[世界天文年2009 日本委員会]

著者が中学生のときに観測して描いた木星のスケッチ。

表面模様の観察でおもしろいのは、「火星」でしょう。火星は地球に約2年2か月ごとに近づきますが、その軌道が大きくゆがんだ楕円なので、どの季節に地球に近づくかによって接近距離が大きくちがいます。

　特に、夏から秋にかけて地球に近づくタイミングでは、いわゆる「大接近」となり、5600万kmにまで近づくので、ぜひ望遠鏡を向けてみましょう。

　望遠鏡を向け、「導入」したら、やや倍率を上げて、しばらくじーっと観察してみてください。大気のゆらぎが止まる一瞬に、赤い円盤の中に濃淡模様があるかもしれません。火星の赤い色は褐鉄鉱とよばれる赤錆のような砂で、濃い緑色の部分は砂があまり堆積していない場所です。極地方には白くかがやく「極冠」が見えるかもしれません。これは、火星の大気の主成分である二酸化炭素が凍りついた、ドライアイスの氷で、季節によってその大きさが変わります。

　さて、暗緑色の模様と赤い部分とが見分けられたら、ぜひ別の夜にも観察してみましょう。しかも、ほぼ同じ時刻に観察することをおすすめします。すると、前日とほとんど同じ模様が見えるのがわかるでしょう。これは火星の自転周期が1.03日と、地球の自転周期にほぼ近いため、同じ時刻には同じ場所を見ることになるからです。

　火星にはときどき、その全面をおおってしまうような大規模な砂嵐が起きることがあります。このような砂嵐は雲のように見えるので「黄雲」ともよばれています。特に、大接近のときに起きれば、小さな望遠鏡でも砂嵐が、1週間にわたって火星の表面をおおっていくようすがわかります。黄雲の発生は、それほどひんぱんにあるわけではありませんから、模様が急速に変化していくようすをとらえたら、大変貴重ですので、しっかりとスケッチを残すようにしましょう。

惑星の表面模様の変化はとらえることはできませんが、「金星」もおもしろい観察対象です。観察したい時期には明け方の「明けの明星」になっているか、夕方の「宵の明星」になっているかをあらかじめ調べます。

　夕方であれば、太陽がしずんでしばらくすると西空の一番星が、まちがいなく金星です。明け方であれば、太陽が上がる2時間ほど前、まだ星がたくさん見える時間帯から起きる必要があります。東から上ってくるもっとも明るい星が金星です。

　望遠鏡を金星に向け、導入したらすこし倍率を上げて見ましょう。厚い雲におおわれているために、本来の模様を見いだすのは困難ですが、今までの惑星とはまったくちがった素顔におどろくはずです。

　まるで月のように、満ち欠けしたようすがわかるからです。特に、太陽から大きくはなれているときには、半月から三日月のようなすがたをながめることができます。できれば何日か、日をおいて継続して形の観察をしてみてください。金星の大きさや、その満ち欠けのようすも、毎日ちがっていくのがわかるはずです。

金星の満ち欠け。[ビクセン・加藤保美]

木星のCMT観測

　CMTとは、Central Meridian Transitの略で、木星表面の特定の模様が、地球から見て、木星の円盤の中央子午線を通過する時刻を計測する観測です。表面模様は自転周期とはちがったスピードで、一般に東西の経度方向に動いていきます。その動きを求める観測です。

　観測そのものは、とても単純です。木星の中心部を模様が通過する時刻を求めるだけですが、そうはいってもどこが木星の中央子午線か、なかなかわかりませんし、どのタイミングが通過時刻なのかもなかなか決められません。しかし、ともかく挑戦してみることです。木星の自転はとても早いので、見ているうちに模様が通過していくのがわかります。まずは、もっとも目だつ模様である「大赤斑」でやってみましょう。

　正確な時計を準備して、じっと木星面を観察します。ややひしげた円盤の南北を見定めます。その南北両極をむすんだ線が中央子午線です。大赤斑が中央にやってきたら、まず大赤斑の前端が中央にきた時刻を記録します。つぎに大赤斑の中心部が子午線を通過した時刻、および終端が通過した時刻をそれぞれ記録します。大赤斑のように大きい模様の場合、この3つを平均した時刻を採用するといいでしょう。

　大赤斑のCMT観測を何日もつづけて行うことで、大赤斑の自転周期がわかります。木星の自転周期が、だいたい10時間弱ですから、それを目安にすると翌日の夜には、前日の時刻の6時間後（3周期後）、3日後には2時間後(5周期後)に大赤斑が観測できるはずです。自分の手で観測したデータで自転周期がわかるなんて、おもしろいとおもいませんか。大赤斑になれたら、ほかの小さな模様にも挑戦してみてください。

7 天体観測の実際：太陽編

　太陽は小さな望遠鏡でも意義のある観測が可能であること、日中に観測できることなどから、学校などの天文部で人気のある観測対象です。なかには数十年にわたって観測が継続されているところもあります。

　太陽の黒点の観測は、太陽の活動度を知るうえでもだいじです。また太陽フレアなどの突発的な現象は、いつ起こるともかぎりませんので、みなさんの観測も貴重な記録になります。（『太陽系・惑星科学』の巻を参照）

　太陽の観測には、いくつかの方法がありますが、ここでは「投影法」を紹介しましょう。これは望遠鏡の接眼部の延長上に白い紙を置き、太陽の像を投影してスケッチする方法です。「太陽投影板」という専用の道具がありますので、これを用意します。ファインダーなどには、ふたをしておきます。接眼鏡は、なるべくレンズ構成が単純なほうがよいでしょう。接眼レンズの焦点距離を変えると、投影される太陽の大きさは変わりますが、通常は全面が10cmから15cm程度の大きさになるよう調整します。

　この方法は、投影された紙の上にそのままスケッチをするうえでべんりですし、おおぜいで観察できるという利点もあります。

　必要な道具がそろったら、さっそく晴天の日に、太陽の観察を始めてみてください。太陽の表面のどの場所に、どのくらいの大きさの黒点があるかをスケッチをして記録します。あらかじめ太陽面を想定して円をえがいたスケッチ用紙を用意しておくとべんりです。

　そして、この観測をできれば毎日やってみましょう。すると同じ黒点でも日がたつにつれて、どんどん動いていくことがわかります。また、黒点そのものも大きくなったり小さくなったり、場合によっては消えたりと、かなり変化していることがわかります。

　さらに、このような観察を1か月以上にわたってやってみると、同じ黒点（群）

が1周して、ふたたび現れてくることもわかるはずです。

個人で観察をつづけるのはむずかしいので、学校の天文クラブなどで、この観測を何年にもわたって継続してみると、おもしろいことがわかります。

太陽の黒点の数の増減や、出現する場所（緯度）のちがいがわかるからです。黒点の数は、太陽活動のバロメーターですから、みなさん自身の手で太陽の活動を知ることができるわけです。

大きめの黒点があれば、スケッチから実際の大きさを計算してみるのもおもしろいでしょう。太陽の半径は約70万kmとわかっていますから、黒点の大きさを太陽の見かけの大きさと比較すれば、簡単に推定できます。

たとえば、太陽の直径の100分の1程度の大きさの黒点があるとすると、その大きさは1万4000kmとなります。地球の直径に比べても大きいことがすぐわかりますね。

専門的な観察方法としては、太陽観測専用の特殊なフィルターを取り付けた望遠鏡もあります。また、天体望遠鏡用の太陽観察のための減光フィルターも売られていますが、しばしば太陽熱で割れたりするので、あまりおすすめできません。くれぐれも目をいためないように注意してください。

8 天体観測の実際：日食編

　太陽が月にかくされる現象が「日食」です。月が地球と太陽との間にはいり込むのですが、そのときの月の見かけの大きさ、すなわち地球からの距離によって起きる現象がちがってきます。

　月が地球に近く、太陽全体をおおいかくす日食を「皆既日食(かいきにっしょく)」とよんでいます。皆既日食が起きる地上での場所は、ひじょうにせまく、かぎられていますので、わざわざその場所へ行かなくてはいけません。

　皆既日食になる数分間は、月におおわれた太陽のまわりに「コロナ」とよばれる太陽の外側の構造が現れ、たいへん美しく、荘厳(そうごん)なながめとなります。日本で、つぎに皆既日食が起こるのは2035年となります。

　一方、月が地球から遠く、太陽全面をかくせないときには、「金環日食(きんかんにっしょく)」となります。これは、太陽の外側がリングのように見えるものです。こちらも地上ではごくかぎられた場所でしか見ることはできませんが、それ以外の広い範囲にわたって「部分日食」となります。これは月が太陽の中心を通らないために、太陽面のごく一部分だけをかくす現象です。日本では2012年に金環日食が起こります。

　地球、月、太陽が幾何学的に一直線にならばない場所では、太陽の一部が欠ける「部分日食」となります。部分日食は皆既日食や金環日食が起こる地域よりも広い範囲で観察できます。とはいえ、日食は部分日食でもめずらしいので、ぜひ観察したい現象です。

　日食の観察でだいじなことは、太陽の観察と同様、望遠鏡で直接のぞかないことです。いくら月にかくされているからといって、太陽の一部分でもかなりの光量ですので、目を焼いてしまいます。ですから、先にのべた太陽を観察する投影法、あるいは肉眼観察専用の太陽観察用日食グラスなどのしっかりした観察用具を用いて観察しましょう。

大きく欠けた部分日食の場合は、ほかにもいろいろな方法を試すことができます。おもしろいのは、ピンホール効果を用いた方法です。
厚紙にあなをあけて、ピンホールをつくり、太陽像を人工的に投影してみると、太陽の像が投影でき、欠けていく太陽の形がわかるのです。いろいろなピンホールをつくって、試してみるといいでしょう。

　さらに、木かげの地面にできる木もれ日を観察してみてください。木の葉のすきまが、うまい具合いにピンホールの役目をして、地面にたくさんの太陽の欠けた形が投影されているはずです。

　この自然のピンホールによる太陽の投影像の大きさは、すきまのある葉と、地面との高さの約100分の1になります。木が高ければ高いほど大きな投影像をつくります。

　小さな鏡を用いて、太陽像を遠方に投影する方法もあります。大きさが数cm程度までの鏡を用いて、建物のかべなどに太陽の光を反射させます。かべまでの距離は、なるべく遠いほうが効果的です。（鏡の大きさの約200倍程度）すると鏡がどんな形でも、かべに映った太陽の形が欠けていることがわかります。これも一種のピンホール効果です。

　ただし、反射した光をのぞき込んだり、ほかの人にあたらないようにしましょう。太陽を肉眼で直接見たときと同じですので、目をいためてしまう危険があります。

部分日食のときに、ピンホールカメラの原理で写し出した欠けた太陽の像。お菓子の穴を通して、欠けた太陽が写し出されている。
［西崎慎一郎］

これから日本で観察できる「日食」

「皆既日食」「金環日食」は、毎年地球上のどこかで観察できるが、日本での「日食」観察の機会はそんなに多くはない。また、同じ「日食」でも、日本国内の地域によって、「欠ける」割合や見え方がちがう。

年月日	もっとも大きく欠ける割合（食分）			見ることのできる地域や状況
	札幌	東京	福岡	
2012年 5月21日	0.84	0.97	0.91	九州〜関東では「金環日食」。
2016年 3月 9日	0.13	0.26	0.20	全国で「部分日食」。
2019年 1月 6日	0.54	0.42	0.32	全国で「部分日食」。
2019年12月26日	0.26	0.39	0.34	関東より北では「日没帯食」。
2020年 6月21日	0.28	0.46	0.61	全国で「部分日食」。
2023年 4月20日	—	—	—	九州〜東海の南岸・沖縄で0.15%。
2030年 6月 1日	0.96	0.80	0.66	北海道では「金環日食」。
2031年 5月21日	—	—	—	九州南部から南の地域。
2032年11月 3日	0.63	0.51	0.50	関東より北では「日没帯食」。
2035年 9月 2日	0.81	1.00	0.86	北陸から北関東で「皆既日食」。

- 「食分」は、太陽の欠けた部分の割合をしめす量が1をこえるものが「皆既日食」となる。
- 「日没帯食」は、太陽が欠けたまま西へしずんでしまう「日食」をいう。

これから日本で観察できる「月食」

月食は、月が出ているところであれば、地球上どこでも観察できる。

年月日	種類	欠ける割合	欠け始め	終わり	見ることのできる地域
2012年 6月 4日	部分月食	0.376	18時59分	21時07分	全国で見ることができる。
2013年 4月26日	部分月食	0.021	4時52分	5時23分	全国で見ることができる。
2014年 4月15日	皆既月食	1.296	14時58分	18時33分	後半の部分月食のみ見ることができる。
2014年10月 8日	皆既月食	1.172	18時14分	21時35分	全国で見ることができる。
2015年 4月 4日	皆既月食	1.005	19時15分	22時45分	全国で見ることができる。
2017年 8月 8日	部分月食	0.252	2時22分	4時19分	全国で見ることができる。
2018年 1月31日	皆既月食	1.321	20時08分	0時11分	全国で見ることができる。
2018年 7月28日	皆既月食	1.614	3時24分	月没後	全国で前半のみ見ることができる。
2019年 7月17日	部分月食	0.658	5時01分	月没後	西日本のみで見ることができる。

9 天体観測の実際：月食編

　「月食」は、満月が地球の影にはいりこんで暗くなる現象です。太陽は点光源ではありませんから、地球の影には「本影」と「半影」という２種類の影ができます。本影の中からは、太陽は地球にすっぽりかくされる「皆既食」となって、まったく見ることができません。半影では、太陽は部分月食となっているので、太陽の光は本影に近づくほど弱くなります。

　月全体が本影にすっぽりはいってしまうものを「皆既月食」、月の一部分が本影にかかるものを「部分月食」、本影にはいらずに半影だけにはいるものを「半影月食」とよんでいます。皆既月食か部分月食では、だれが見ても月の一部あるいは全部が暗くなるのがわかりますが、半影月食は、よほど注意深くないと肉眼では月食が起きていることも気づかないでしょう。

　こういった月食がいつ起きるのか、どのように見えるかは天体関係の情報誌や年鑑・理科年表などに載っています。そのときに月が見えてさえいれば、ほぼ地球上のどこからでも観察することが可能なので、日食より観察できる頻度は多くなります。（P.67「これから日本で観察できる『月食』」を参照）

　月食の観察は肉眼でも可能ですが、双眼鏡や天体望遠鏡を使うとよくながめることができます。観察のポイントは２つあります。

　１つは、地球の影の輪郭を見ることです。わたしたちは、自分たちが住んでいるこの惑星の形全体を、直接ながめることはできません。宇宙飛行士のように地球の外へ飛びださないかぎりむりです。しかし、この月食のときには地球が丸いことを実感できます。月食が始まる時間になると丸い満月が、はしからかげっていきますが、その形はまさにわたしたちの地球の影にほかなりません。

　また、地球の影に境界線がぼんやりしたものであることも望遠鏡を使えばわかるでしょう。これは、地球に大気があって、太陽の一部が屈折してしまうためです。月食が進むにつれて、月がどのように欠けていくか、観察し、スケッ

チしてみてください。

　２つ目の観察ポイントは、月食中の月の明るさと、その色です。特に皆既月食のときの月の色に注意しましょう。地球に大気がなければ地球の本影は完全に暗黒になるはずですが、影の境界線がぼんやりしているのと同様、成層圏を通って屈折した太陽光が皆既月食中の月をぼんやりと照らしだし、赤銅色（しゃくどういろ）にかがやいて見えます。明るいときには、皆既中でも表面のクレーターが望遠鏡でもわかるほどです。

　しかし、場合によっては、月がほとんど見えなくなってしまうこともあります。大規模な火山が爆発して、地球の成層圏に火山灰が大量に舞い上がると、赤い太陽光も散乱されて月にとどかないからです。皆既月食中の月の色が異なることは、フランスの天文学者ダンジョンによって、20世紀初頭に研究され、「ダンジョンの尺度（しゃくど）＜スケール＞」という色の目安が用いられています。みなさんも、皆既月食の色を、自分の目で調べてみましょう。

　皆既月食の観察の２つのポイントのどちらも、「地球の形」と「大気状態」とを月という鏡に映しだして、おのれを知ることにほかなりません。

皆既月食のダンジョンの尺度

尺度	月面のようす	色
0	ひじょうに暗い食。月のとりわけ中心部は、ほぼ見えない。	黒
1	灰色か褐色がかった暗い食。月の細部を判別するのはむずかしい。	灰色またはこげ茶色
2	赤もしくは赤茶けた暗い食。たいていの場合、影の中心に１つのひじょうに暗い斑点を伴う。外縁部はひじょうに明るい。	暗い赤
3	赤いレンガ色の食。影は、多くの場合、ひじょうに明るい灰色、もしくは黄色の部位によって縁どりされている。	明るい赤
4	赤銅色かオレンジ色のひじょうに明るい食。外縁部は、青みがかってたいへん明るい。	オレンジ

色の見本　　0／黒　　1／灰色またはこげ茶色　　2／暗い赤　　3／明るい赤　　4／オレンジ

［国立天文台］

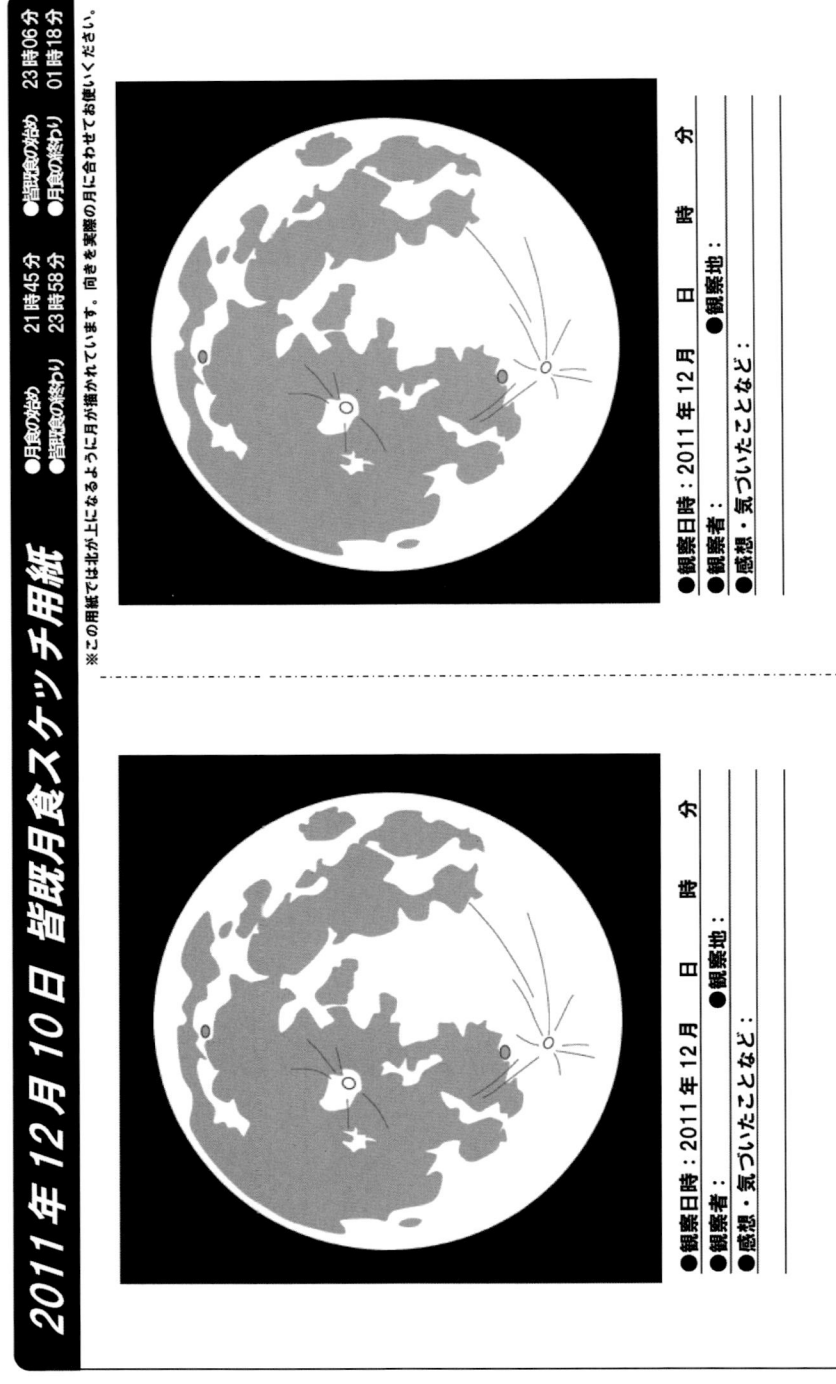

皆既月食スケッチ用紙の例。[国立天文台]

10 天体観測の実際：
　　変光星編

　「変光星」とは、明るさが変化する星のこと（『恒星・銀河系内』の巻を参照）で、さまざまな種類の変光星が、それこそ星の数ほどありますので、それを監視・観測するのにアマチュア観測家が大きな役割をになっています。周期的な予測ができるものもあれば、突発的に変光するものもあって、みなさんの観察がやはり貴重なデータとなります。明るい変光星は、肉眼でも観測できますし、双眼鏡や望遠鏡があると観察対象は暗いものにまで広がります。最近では、写真を撮って明るさを測る手法もありますが、まずは手軽に肉眼で観察して明るさを測ってみる方法をご紹介します。

　観測には、時計や記録用ノート、筆記用具など、それほど専門的なものはいりませんが、唯一、「変光星図」とよばれる専用の星図が必要です。変光星の明るさの目測のために、比較星となる星の光度が書かれたものです。「変光星図」は天文雑誌にも掲載されますが、インターネットでも入手できます。

　ここでは、肉眼で観測できるオリオン座の1等星ベテルギウスの例をしめします。ベテルギウスは半規則変光星ですので、いつ明るくなるか、あるいは暗くなるか正確には予測できません。そのため、みなさんの観測は貴重なデータになります。

　まずは、「ベテルギウス」を見つけましょう。オリオン座はもっとも目だつ星座なので、すぐにわかるでしょう。そして、赤い色のベテルギウスの明るさをほかの星と比較して、目測します。

　比例法という方法で観測しましょう。ベテルギウスよりもやや明るい星と、やや暗い星を見つけて比較し、その間を10等分して明るさを見積もる方法です。対象星よりも明るい星と暗い星の2つの比較星をえらびます。

　ベテルギウスの場合、暗いほうの星はオリオン座の肩の西側（右側）の γ（ガンマ）

星「ベラトリックス」がよいでしょう。ベテルギウスは、おそらくこれより暗くはなりません。明るい星としては、まず、おうし座の「アルデバラン」と比べてみます。これよりベテルギウスが暗ければ、アルデバランをえらびます。もし、アルデバランよりも明るいときは、東にあるこいぬ座の「プロキオン」をえらびます。これよりも明るいときには、同じオリオン座の「リゲル」をえらびましょう。こうしてえらんだ明るい星Aと暗い星Bと、ベテルギウスを比較します。

　この2つの比較星の明るさを10等分して、ベテルギウスの明るさが、どちらの比較星に近いかを10段階で表します。ほぼ中間なら、A5　5B。ちょっとAに近いかなとおもったら、A4　6B。さらにAに近ければ、A3　7Bなどとします。なかなかむずかしいとおもいますが、おもいきって推測しましょう。

　こうして、観察した変光星の名前、観測年月日・時刻、この目測結果を記録します。

　ベテルギウスの場合は、機材は必要ありませんが、双眼鏡や望遠鏡を用いた観測では、それらの機材も記録しておきます。機材は、レンズの口径（cm）と機材種類（双眼鏡B、屈折望遠鏡R、反射望遠鏡L、肉眼Nなど）とします。

　ベテルギウスを2012年2月1日の21時30分に肉眼で観測して、目測結果がA2　8Bとなった場合は、下記のように書きます。時間は30時制を用います。

Alpha　　Ori　　2012　0201　2130　　（A）2V8（B）　　N

　A、Bには、比較星等級がはいります。アルデバランとベラトリックスをえらんだ場合は、

Alpha　　Ori　　2012　0201　2130　　（0.87）2V8（1.64）　　N

この結果から、ベテルギウスの明るさは、

V = 0.87 + 2/10 × (1.64 − 0.87) = 1.024

と算出できますので、小数点以下2桁(けた)までをとって、ベテルギウスの明るさは1.02等となります。

　さぁ、晴れていれば今夜からでも始められます。ぜひ、みなさん自身の手で

明るさを見積もってみてください。そして、長くつづけることで、自分なりに明るさの変化を実感できますし、グラフをつくることもできます。グラフをつくる場合、観測日時は通しのほうがべんりなので、「ユリウス日」を用いましょう。

双眼鏡や望遠鏡を用いた観測も、眼視観測の手法は基本的に同じです。ただ、変光星図の多くは、等級の小数点を省略していますので、ご注意ください。なれてきたら、どんどん観測を行い、しかるべきところに報告してみてください。日本では、「変光星研究会」や「日本変光星観測者連盟」などに送ってみるとよいでしょう。

ベテルギウスの眼視観測用星図

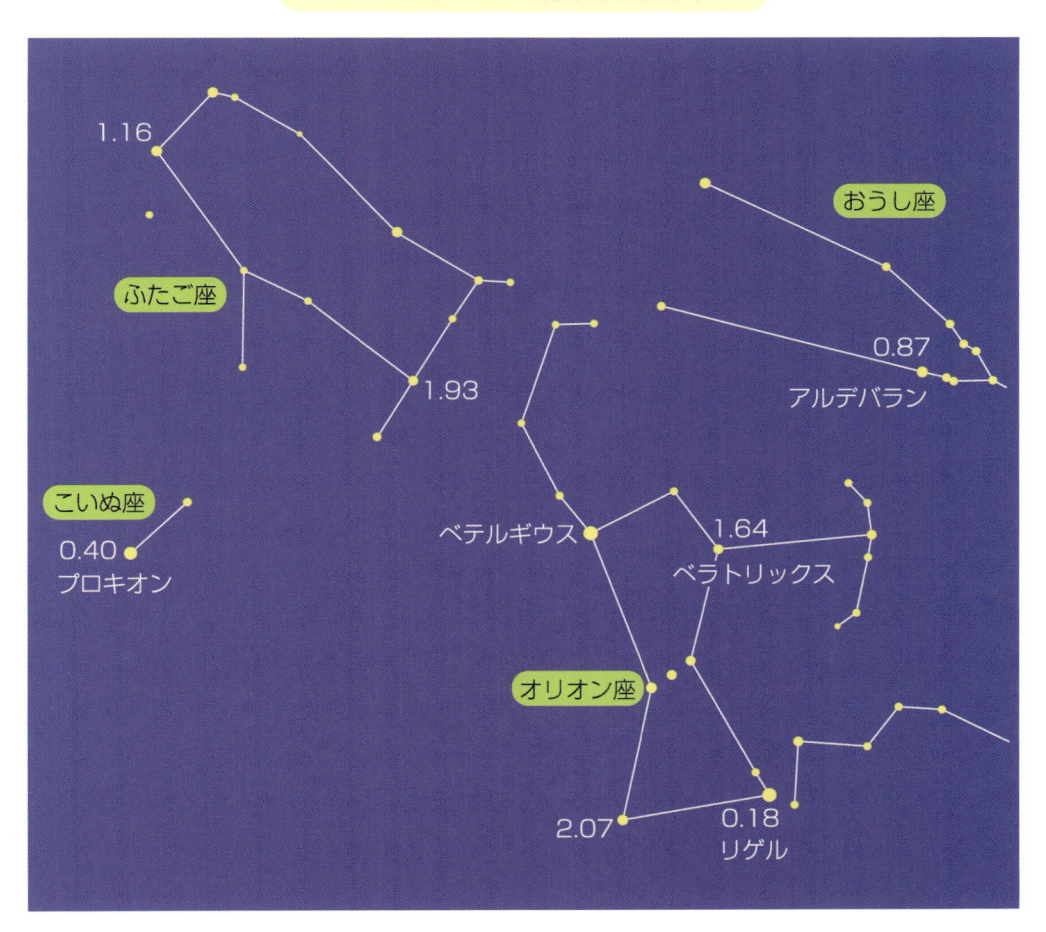

11 天体観測の実際：彗星編

　彗星は、予測できない明るさの変化を起こす代表的な天体です。また、刻々と動いていくうえに、周期彗星でもしばしば予測と異なる運動をする場合もあります。そのため、彗星の位置を正確に割りだしたり、そのときどきの明るさを推定するのは、彗星研究のうえでたいへん重要ですが、現状では、その監視にはアマチュア天文家が大きな役割をはたしています。

　肉眼で観察できる彗星はなかなか出現しませんので、通常は双眼鏡や天体望遠鏡などを使う必要がありますが、彗星の導入ができるようなスキルがあれば、ぜひ挑戦してほしい観測対象の1つです。

　彗星あるいは、小惑星などの位置観測は、デジタル一眼レフカメラを天体望遠鏡につけて、拡大した画像を取得し、周りの恒星の位置から対象天体の位置を算出することになりますが、やや高度な機材を使ううえに、計算手法がむずかしいので省略します。ここでは、彗星の明るさと形状を眼視観測する方法を紹介しましょう。

　まず、明るい彗星が出現したら、何時ごろ、どのあたりに見えるかを確認しましょう。そして、予想される明るさで観測する機材や場所を決めましょう。

　彗星は広がった天体なので、夜空が暗いところでないと見えにくいものです。月あかりをさけ、彗星の高度が高い時期をえらびます。6〜7等の彗星なら、5cmほどの双眼鏡があれば観測できるでしょう。彗星の観測では、倍率は口径（cm）の1.5〜2倍程度におさえます。5cm（50mm）の双眼鏡ならば7倍か10倍が適切です。これは、広い視野を確保し、広がった彗星の見え具合いをよくするためです。また、あらかじめ彗星のある場所の星図（ファインディングチャート）を用意します。これは、明るい彗星なら天文雑誌などで公表されるでしょう。これには変光星図のように周りの恒星の明るさが記載されています。専門のソフトで自作してもかまいません。

さぁ、用意ができたら観測です。さっそく星図にしたがって彗星を導入します。ここで、あるべきところに彗星が見つからないこともあります。彗星は突然暗くなったりするからです。見つからなくてもりっぱな観測記録ですので、そのあたりの星の限界等級を調べておきましょう。

　ぼやっとした雲のような彗星を見つけられたら、まず「スケッチ」をとりましょう。彗星は「尾」や、「ジェット」などいろいろな模様が見えることもあるので、その長さや方向を知るためです。

　また、明るさを推定するために、どの恒星を比較星として用いたかを記録します。比較星は、A、B、Cなどしるしをつけておき、比較星の位置も書き込みます。時間がなければ、作成した星図（ファインディングチャート）に直接書き込んでもかまいません。

　つぎに、明るさの見積もりです。彗星はかならず尾があるとおもわれがちですが、ほとんどの彗星は尾は見えません。見える場合も、尾の部分の明るさは通常無視します。こうして推定する明るさを「全光度」とよびます。これは、彗星の周りにぼやっと広がる「コマ」の部分をふくんだ明るさという意味です。

　明るさは、周りの同じような明るさの星と比較します。ここは変光星と同じです。ただ、彗星は広がった天体なので、ちょっとした工夫が必要です。面積をもつ彗星と点状の恒星を比べるために、ピントをぼかして恒星を彗星と同じ大きさに変化させるのです。ここが変光星と大きく異なるところです。一口にピントをぼかしてといっても、いろいろな方法があります（P.77「彗星の明るさ比較法」を参照）ので、どの方法を用いたかも記録しましょう。

　どのような方法であれ、比較星と比較して、変光星と同じように比例法で明るさを求めます。たとえば、彗星よりわずかに明るい星A、わずかに暗い星Bをえらび、彗星はAとBの中間ほどの明るさと判断したら、彗星をCと書いて、A5＞C＞5Bなどとスケッチの横に書いておきます。明るい星と暗い星の明るさの差を10等分し、彗星の明るさを推定するのです。比較星を多数えらび、いくつものペアで比例法を行い、最終的にその平均をとることもあります。このとき、なるべく赤い星はえらばないようにしましょう。

明るさのほかに、彗星の広がり、つまりコマの直径もたいせつです。コマの大きさは彗星によって異なり、また同じ彗星でも日々変化していきます。スケッチの段階で、コマ全体がどの程度の広がりがあるか、記録しておいて、あとで算出しておくとよいでしょう。

　また、コマの中心が極めて明るい場合と、全体に明るさが平坦な場合があります。このような差を表すための指標として、中央集光度（DC = Degree of Condensation）というものがあります。中央集光がまったくなく、ぼやっとしたすがたを DC = 0 とし、恒星のような点状のすがたを DC = 9 とする 10 段階で表します。

　もし、明らかに尾が見える場合は、その尾の長さと方向もスケッチにえがき込みます。あとで、そのスケッチ上で背後の恒星との位置関係から、長さと方向（位置角）を測定しておきます。

　こうして、彗星の眼視観測では、彗星の全光度、コマ直径、中央集光度、尾の長さと位置角を、観測時刻と日付、使用した機材と倍率、目測方法などとともに記録しましょう。これだけのデータがあれば、国際的な報告を行うことができて、自分の観測が ICQ（International Comet Quarterly の略）などのデータ集に掲載されます。

　彗星の明るさは刻々と変わっていきますので、長期にわたって監視すると、いろいろな変化が実感できておもしろいものです。これは彗星活動度をしめしますし、アウトバーストとよばれる突発的な増光をいち早くとらえることができれば、貴重なデータとなります。ぜひ、挑戦してみましょう。

彗星の明るさ比較法

　ピントをずらして彗星と見比べる方法としては、「シドウィック法（S）」、「ボブロフニコフ法（B）」、「モリス法（M）」などがあります。

　シドウィック法は、まずピントを合わせたまま、彗星の明るさと大きさを記憶します。つぎに、比較星を彗星の大きさまでぼかします。それをおぼえた彗星の明るさと比べるのです。ただ、彗星の明るさを記憶しなければならないという難点があります。そこで、ボブロフニコフ法は、彗星と比較星が両方とも同じ見え方になるまでぼかして、その状態で明るさを比べるものです。たしかに、彗星のイメージをおぼえる必要はありませんが、暗い彗星だと見えなくなることがあります。

　モリス法は、両者の中間的な方法です。彗星がほぼ均一の明るさに見える程度にピントをぼかして、その状態での彗星の明るさとコマの大きさをおぼえておきます。つぎに、その大きさまで比較星をぼかし、その明るさをおぼえておいた彗星の明るさと比較します。2段階のピント操作により、比較星のほうがピントのぼかし方は大きくなり、観測者の個人差がでやすいのですが、中央集光の強い彗星には有効とされています。

　いずれにしろ、変光星の観測では必要ない操作ですが、ぜひ挑戦してみましょう。

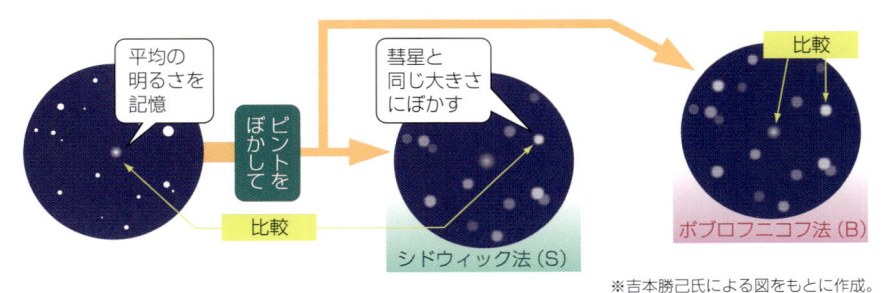

※吉本勝己氏による図をもとに作成。

天文・宇宙の科学 「天体観測入門」のさくいん

JST	48
UT	48, 49

あ

R等級	48, 49
アウトバースト	76
秋の四辺形	17
明けの明星	23, 61
天の川	34, 39, 47, 52
アルデバラン	72
暗順応	7, 8
緯度	64
衛星	13, 57
オペラグラス	27, 34, 57
オリオン座	71, 72

か

皆既月食	67, 68, 69
皆既日食	65, 67
拡大率	40, 41
下弦	16
下弦の月	15, 16
火星	21, 60
カセグレン式	27, 28
画像データ	36, 42
画像処理	33, 36, 41, 43, 44
架台	29
ガリレオ衛星	57
ガリレオ式	27, 34
ガリレオ・ガリレイ	27, 57
眼視(眼視観測)	49, 73, 74, 76
極軸	30, 38
極冠	60
極大	50
銀河座標系	47
金環日食	65
金星	23, 61
屈折式	26, 28
屈折式望遠鏡	26, 27, 33, 34, 72
駆動系	29, 30
グリニッジ恒星時	48
グレゴリー式	27
クレーター	32, 40, 54, 55, 56, 69
経緯台式	29, 30, 33, 38
経度	48
経路プロット観測	53
月食	42, 68, 69
月齢	15, 54
ケプラー式	27
限界等級	31, 75
減光フィルター	64
光学系	26
口径	26, 27, 31, 33, 34, 72, 74
光条	55
恒星	17, 21, 23, 24, 30, 37, 38, 42, 47, 48, 49, 53, 74, 75, 76
光点	56
黄雲	60
公転	11, 12
黄道	12, 23, 47
黄道座標	47
国際天文学連合	18
黒点	63, 64
固定撮影	37
コロナ	65
コマ	75, 76, 77
コンパクトデジタルカメラ	36, 41
コンポジット(合成)	43

さ

最微星光度	52, 53
座標系	46, 47

三脚	29, 32, 36, 37
CMT観測	58, 62
時刻系	48
子午線	48, 62
視赤緯	47
視赤経	47
実視等級	49
自転	10, 58, 62
自転周期	58, 60, 62
シドウィック法	77
視野	27, 28, 34, 38, 53, 54, 57, 58, 74
自由雲台	29
集光力	26, 31, 34
十五夜	16
上弦	16, 54
上弦の月	14, 16, 56
焦点距離	26, 28, 31, 37, 40, 63
主鏡	27, 28, 31, 40
シュミット式	28
準ユリウス日	49
食	42
新月	15, 16
シンチレーション	21, 22
彗星	33, 47, 49, 74, 75, 76, 77
すばる望遠鏡	22, 29
星雲	6, 32, 33, 34, 39, 42
制御系	29
星座	8, 9, 10, 11, 12, 13, 17, 18, 19, 20, 24, 34, 39, 42, 53, 71
星座早見	8, 17, 19, 20
星座早見ソフト	20
星図（ファインディングチャート）	8, 19, 24, 52, 71, 74, 75
星図盤	19
正立像	27, 34
世界時（UT）	48, 49

赤緯	46, 47, 48
赤経	46, 47
赤道儀	40, 41
赤道儀式架台	30, 38
赤道儀式	29, 33, 38, 40, 41, 58
赤道儀式反射望遠鏡	33
赤道座標	46
接眼鏡	57, 58, 63
接眼レンズ	26, 27, 31, 40, 41, 63
双眼鏡	6, 26, 27, 29, 34, 50, 68, 71, 72, 73, 74

た

ダーク画像	43
大口径反射式望遠鏡	33
大赤斑	58, 62
大接近	23, 60
対物レンズ	26, 27, 31, 40
太陽投影板	63
ダンジョンの尺度	69
地軸	10
地平座標	46
地方恒星時	48
追尾	29, 30, 33, 38, 40, 41
月	13, 14, 15, 16, 32, 40, 41, 42, 54, 55, 68, 69
デジタル一眼レフカメラ	36, 37, 39, 40, 43, 74
デジタルビデオカメラ	42
天球	10, 17, 46, 47
点像	37, 38
天体望遠鏡	6, 21, 23, 26, 29, 31, 32, 33, 36, 37, 38, 39, 40, 41, 54, 57, 68, 74
天頂	52, 53
ドイツ式	30
投影法	63, 65
同架	38
動画	41, 42
等級	49, 52, 53, 73

東経	48
倒立像	27
土星	22, 23, 32, 58

な

夏の大三角	17
南中	48
肉眼	6, 8, 13, 17, 21, 23, 24, 26, 50, 66, 68, 71, 72, 74
日本標準時（JST）	48
日本変光星観測者連盟	73
日本流星研究会	53
日周運動	10, 11, 17, 23, 37, 38, 40, 47, 58
日食	42, 65, 67, 68
ニュートン式	27
年周運動	11, 17

は

倍率	26, 27, 31, 34, 54, 57, 58, 60, 61, 74, 76
白道	12
白斑	57
春の大曲線	17
半影	68
半影月食	68
半規則変光星	71
反射式望遠鏡	26, 27, 28, 33
B等級	49
比較星	71, 72, 75, 77
微光天体	32
V等級	49
フォーク式	30
副鏡	27, 28
部分日食	65, 66, 68
冬の大三角	17
変光星	48, 71, 72, 75, 77
変光星研究会	73
変光星図	71, 73, 74
方位	46
望遠鏡	7, 26, 27, 29, 30, 31, 32, 33, 34, 42, 50, 54, 60, 61, 63, 64, 71, 72, 73, 74
ホースシュー式	30
ボブロフニコフ法	77
北緯	48

ま

満月	13, 14, 15, 16, 54, 55, 68
三日月	13, 15, 16, 54, 55, 61
満ち欠け	13, 14, 16, 55
明暗境界線	54, 55, 56
面光源	21
木星	22, 23, 32, 41, 57, 58, 59, 62
モリス法	77

や

U等級	49
ユリウス日	48, 49, 73
宵の明星	23, 61
ヨーク式	30

ら

ライブビュー	41
流星	42, 50, 53
流星群	50, 52, 53
流星痕	53
レリーズ	36
Row(ロー)モード	43
露出	36, 37, 39
露出時間	36, 39, 40

わ

環	23, 32, 58
惑星	13, 20, 21, 23, 24, 33, 40, 41, 42, 57, 61

渡部潤一　わたなべ・じゅんいち

1960年福島県生まれ。国立天文台教授。理学博士。
東京大学天文台を経て、現在、国立天文台天文情報センター広報室長。
専門は太陽系天文学。メディア出演、執筆活動を通して最新の天文学を親しみやすく、
わかりやすくつたえている。2006年国際天文学連合「惑星定義委員会」の
一員として、冥王星を準惑星にする原案策定に参加している。著書に、
『夜空からはじまる天文学入門』（化学同人）、『夜空を歩く：巨大望遠鏡が見た宇宙』（講談社）、
『最新・月の科学』（日本放送出版協会）ほか多数。

画像提供（本文の画像付近に掲載外のもの）
扉（マクノート彗星）———
[ESO]

編集協力 ■ OCHI NAOMI OFFICE　渡部好恵
本文レイアウト ■ 倉田園子
イラスト ■ ひろのみずえ
図版 ■ 酒井圭子

天文・宇宙の科学
天体観測入門

2012年3月20日　第1刷発行
著　者 ■ 渡部 潤一
発行者 ■ 波田野 健
発行所 ■ 大日本図書株式会社
　　　　〒112-0012 東京都文京区大塚3-11-6
　　　　電話・(03)5940-8678(編集)、8679(販売)　振替・00190-2-219
　　　　048-421-7812(受注センター)　URL:http://www.dainippon-tosho.co.jp
印　刷 ■ 壮光舎印刷株式会社
製　本 ■ 株式会社若林製本工場

ISBN978-4-477-02629-9　C8344　©2012 J.Watanabe　80P　24cm×19cm　NDC442　Printed in Japan
本書の一部あるいは全部を無断で複写複製することは、法律で認められた場合を除き著作権の侵害となります。